走,去野外

秋日时光

[英]伊妮德·布莱顿/著

杨文展/译

人民东方出版传媒
People's Oriental Publishing & Media
东方出版社
The Oriental Press

图书在版编目（CIP）数据

走，去野外：全4册 / [英]伊妮德·布莱顿；杨文展译. —北京：东方出版社，2022.9

ISBN 978-7-5207-2588-0

Ⅰ.①走… Ⅱ.①伊… ②杨… Ⅲ.①自然科学–儿童读物 Ⅳ.① N49

中国版本图书馆 CIP 数据核字（2021）第 244547 号

走，去野外
（ZOU QUYEWAI）

[英]伊妮德·布莱顿　著　杨文展　译

策划编辑：杨朝霞
责任编辑：杨朝霞
小课堂写作：秦好

出　　版：东方出版社
发　　行：人民东方出版传媒有限公司
地　　址：北京市东城区朝阳门内大街 166 号
邮政编码：100010
印　　刷：北京文昌阁彩色印刷有限责任公司
版　　次：2022 年 9 月第 1 版
印　　次：2023 年 4 月北京第 2 次印刷
开　　本：880 毫米 ×1230 毫米　1/32
印　　张：17.125
字　　数：303 千字
书　　号：ISBN 978-7-5207-2588-0
定　　价：120.00 元（全 4 册）
发行电话：（010）85924663　85924644　85924641

五位漫步者介绍

帕特

　　十一岁的男孩，三个孩子中年龄最大的，是珍妮特和约翰的哥哥。他脑子活，性子急，缺乏认真观察大自然的耐心，对发现的许多事物都没有细致地观察。跟着梅里叔叔坚持自然散步一年后，他的观察力大大提升，自然知识也变得丰富了。

珍妮特

　　是五位漫步者中唯一的女孩子，十岁，和哥哥帕特长得很像，不少人都误以为他们是双胞胎。她可爱、浪漫，在自然美景的感染下，爱上了写诗。通过跟梅里叔叔的每月两次自然散步，她不仅克服了对蜥蜴、蝙蝠、蛇等的恐惧，还变成一个自然爱好者。

约翰

六岁的小男孩，聪明幽默，想象力丰富，是三个孩子里年龄最小、观察力最敏锐的一个，观察事物很用心，似乎没有什么东西能逃脱他的眼睛。他最讨厌别人叫他"小朋友"。在自然观察比赛中，他的表现总是最出色，让哥哥姐姐刮目相看，也深受梅里叔叔喜爱。

梅里叔叔

自然作家，喜欢野外观察，主要写作关于鸟类的书，博学而友善，是三个孩子的邻居，一双褐色的眼睛里充满了智慧，带领三个孩子踏上自然漫步之旅。在他的带领和陪同下，三个孩子成长很快，学会了正确观察大自然，有了丰厚的自然知识储备，爱上了大自然。

弗格斯

梅里叔叔的爱犬，一只勇敢、善良的黑色苏格兰小狗，四条黑色的小短腿总是不停地蹦跳着，它的尾巴摇起来像飘在空中的一片黑色羽毛。它跟三个孩子一样，喜欢户外散步。

巢鼠和它们的窝　　　　　　　　　　　　［英］诺埃尔·霍普金/绘

鮭（lí）豆　　　　　　　　　　　　　［德］玛丽亚·西比拉·梅里安／绘

软体动物

海鸥 [英]诺埃尔·霍普金/绘

目　录

七月自然散步

　　家燕、毛脚燕和雨燕，在空中上下翻飞且终日无休。孩子们在一些木屋的屋檐下发现了毛脚燕的窝，他们迫不及待地观察着鸟爸鸟妈们带回成千上万只飞虫给它们的孩子吃。有些小毛脚燕已经出巢，跟着父母们一起翱翔蓝天。

1

七月石南花盛开

"梅里叔叔，听说如果圣斯威辛日①那天下雨的话，将会连着四十天都阴雨绵绵；如果不下雨的话，将会连续四十天都是晴空万里，这是真的吗？"约翰靠着两家花园间的隔墙，问道。

"那就让我们走着瞧呗，怎么样？"梅里叔叔放下手头工作，抬起头来说，"圣斯威辛日那天刚好是星期六，不如让我们做好当天去散步的准备吧，同时也能留心观察，希望当天不要下雨呗。"

"今天已经是 13 号了，"约翰说，"再过两天就是 15 号，也就是圣斯威辛日了，我去通知大家。他们听到这

---

① 每年的 7 月 15 日是圣斯威辛日。——编辑注

次散步的消息一定会很高兴，因为这时乡间花草繁盛，美不胜收，是不是？"

"英雄所见略同，"梅里叔叔回应道，"就以花为例吧，现在外面有七百多种花，比上个月还要多。"

"哇，"约翰说，"如果我们能把它们找全，那我将制作一张巨大无比的花卉图表！"

14日夜里的天气阴沉且难以捉摸，妈妈说将会有一场雷阵雨。孩子们可担心了，因为他们打心底里期盼圣斯威辛日一整天都是晴天，而一旦过了今天午夜还在下雨的话，那时辰就属于圣斯威辛日的24小时了。

暴风雨果真来了，孩子们早已上床，当时大约九点半。大家本已在梦乡神游，一声巨大的轰隆声把他们都吵醒了，一个个被吓得跳了起来。

一声声雷鸣伴着一道道闪电，以往每逢暴风雨，珍妮特总会"犯傻"般地大惊小怪一番，这次却没有。她和大家一起伫立于窗前，目视着壮观的闪电。她可不希望帕特告诉梅里叔叔她看见暴风雨也会尖叫。

雨点应声而至。好大一场雨，那倾泻而下的样子，仿佛空中有个巨人正在一桶接一桶地往地面上倒水。

"噢，天啊，"珍妮特无精打采地说，"恐怕这雨会下一整夜，那接下来迎接我们的将是连续四十个潮湿的日子，想想都让人讨厌！"

"所有人都上床睡觉去！"妈妈不知从哪儿冒了出来，说，"快点儿！暴风雨很快就会过去的。"

这场暴风雨持续了约一个半小时，随后，孩子们就只隐约听见远处传来的隆隆声，但雨还是不停地下。大家再次沉沉睡去，但帕特不一会儿又醒来了，他打开台灯来看时间。

"12点差3分。噢，不知道这会儿外面还下不下雨！"说着他跳下床，跑到窗前。"滴答"声依稀可闻，但那并不是下雨声，只不过是雨水在树叶间滴落的声音。天空已变得澄清，乌云散尽，满天星斗，帕特高兴极了。"这场暴风雨来去可真是准时，"他这么想着，又跳回床上，"其他人也会很开心的。"

第二天真的很热，但到处都挺潮湿的。水汽从栅栏和草地上升腾起来，看起来是一幅挺奇异的景象。梅里叔叔在隔壁自家花园里召唤大家。

"你们必须为这次散步穿上厚一点儿的鞋子。昨晚下了一场倾盆大雨，所以脚底下会湿淋淋的。"

"梅里叔叔，在午夜时，雨已经停了。"帕特说，"所以如果今天不再下雨的话，我们将会拥有一个灿烂美好的夏天。"

大家都穿上最厚重的鞋子出发了，但短袜、长袜则一概不穿，因为天实在是太热了。弗格斯愉快地迈着轻快的步伐跟着大家，小短腿完全弄湿了，但它对这种事情一点儿都不介意。

　　"梅里叔叔，帚石南会在七月开花，对吗？"珍妮特问道，此时他们正踏上绿地，看到面前一片紫色的花盛放着，"哦，这简直太美妙了！"

　　她说对了。正是帚石南，别名佳萝，为绿地和远方的山坡披上了一层色彩鲜艳的外衣。孩子们四处都能看见紫红色的紫花欧石南，它们为绿地平添了一抹亮色。上千只蜜蜂忙碌着，发出心满意足的嗡嗡声。

　　"帚石南的花蜜是最可口的，对吗？"约翰问，他注视着蜜蜂从一朵花转战到另一朵花上，"叔叔，就算我们走上几英里穿过绿地，也还能看见蜜蜂的踪影，那它们的蜂巢一定在更远更远的地方，对吧？"

　　"有时候是这样的，"梅里叔叔回答，"但是蜜蜂完全不介意飞几英里的长途，只为寻获帚石南给它提供的最为浓厚香甜的蜂蜜。约翰，随便摘下一朵普通的帚石南，仔细观察它。你会看到它的花萼不像大多数花那样呈绿色，而是呈粉红色，像花瓣一般。"

　　"我之前从来没注意过这个。"约翰说。孩子们都围过来观察帚石南的花萼与花瓣。

"我也非常喜欢紫花欧石南，"帕特摘下一束用来装饰扣眼，说，"喜欢它那紫红色的钟形花。叔叔，除了帚石南和紫花欧石南以外，在我们的绿地上还能发现其他品种的石南吗？"

"有啊，好好找找，你就会发现第三种。"梅里叔叔回答，"它的名字叫作四叶欧石南，四片叶子呈一组，按一定距离间隔着排列在茎上。"

孩子们都去搜寻了。珍妮特找到了第一朵，她摘下来插在扣眼里。"今天在绿地上恐怕得有上百万只蜜蜂吧。"她说着，挥手把追逐着她扣眼里插花的两只蜜蜂赶跑。

"做一只蜜蜂一定很有趣，"约翰说，"每天出门去搜寻蜂蜜，同时把花粉传播到不同的花朵上，返回蜂巢后再告诉其他蜜蜂自己的所见所闻。我喜欢蜜蜂。"

"我也喜欢蜜蜂，但不喜欢胡蜂①。"珍妮特说，"它们可讨厌了，在瓜果开始成熟时，在我们举办夏日野餐时，它们总是会来骚扰。我想不出胡蜂对我们有什么益处，梅里叔叔，对吧？"

"那是在初夏时节，它们有上千只年轻的幼虫要喂

---

① 学名普通黄胡蜂。——译者注（若无特别说明，书中脚注均为译者注）

养，"梅里叔叔说，"它们喜欢把飞虫和其他小昆虫抓回来喂自己的幼虫们吃。你们有没有见过它们在窗玻璃上追逐家蝇的场景？它们先抓住家蝇，然后咬断它的翅膀再带着躯干部分飞走。"

"我见过。"约翰说，"梅里叔叔，有一次，我见到一只胡蜂抓到一只蝴蝶并试图咬掉它的翅膀呢。"

"胡蜂是聪明的小生物，"梅里叔叔说，"它们还能制作出如纸般质感的蜂巢。"

漫步者们站在石南丛生的荒地上，欣赏着帚石南的美景。一只鸟不知在何处开始鸣啭，约翰竖起耳朵聆听。

"梅里叔叔，那是只什么鸟呀？这是我最近头一回听到鸟儿鸣啭，其他鸟儿这会儿都陷入沉默，就连在五月和六月成天歌唱的布谷鸟也不例外。"

大家伫立倾听着这只小鸟的叫声，不一会儿就看到了它。它从一棵灌木处飞来，阳光照耀下显得一身鲜黄。

"它来了！"梅里叔叔说，"这是黄鹀（wú），它的歌声是夏日里最常听到的鸣啭之一。注意听它是不是在说'Little bit of bread and NO cheese！ Little bit of bread and NO cheese'①。"

---

① 意思是"一小块面包，不用加奶酪"。

"哇，它的歌声真的好像在说这句话一样！"珍妮特喜出望外地说。的确是很像，于是此后孩子们总是能听出黄鹂的声音来，有时候还会跟着它合唱这首古怪的小曲儿呢。它的歌声也能轻易传入耳中，因为七月里几乎没有其他什么鸟儿鸣啭。

家燕、毛脚燕和雨燕，在空中上下翻飞且终日无休。孩子们在一些木屋的屋檐下发现了毛脚燕的窝，他们迫不及待地观察着鸟爸鸟妈们带回成千上万只飞虫给它们的孩子吃。有些小毛脚燕已经出巢，跟着父母们一起翱翔蓝天。

"它们什么时候会离开我们啊？"约翰不舍地问，"我真心希望它们不会离开太久，我爱家燕和毛脚燕。"

"它们会在九月和十月飞走，"梅里叔叔答道，"但是雨燕下个月就会离去，有些年长的布谷鸟这个月月底也会离开我们呢。"

"噢，天啊，"珍妮特叹息道，"我还不愿意想象这些候鸟离去的画面，它们仿佛才刚来而已。叔叔，为什么夏天会如此飞快地溜走，而冬天的步伐却如此沉重？"

自然小课堂

家燕、毛脚燕和雨燕

家燕

家燕是一种候鸟，在四月份回到我们身边，在九月底或十月初又会再度离开。它因其长长的叉状尾巴而为人们所熟知。它的背部是钢青色的，喉部和前额部分是栗色的，胸部有蓝色条纹。

家燕把自己的窝建在建筑物外部，如房梁或房椽上。鸟巢呈碟形，由淤泥筑成，并填塞了羽毛和青草。鸟蛋是狭长形的，白色中夹杂着灰褐色斑点。

家燕会发出一种像是"叽喳叽"的叽啾声，在炎炎夏日的夜里听来别有一番滋味。

毛脚燕

不少人都认为白腹毛脚燕就是家燕。它们的确很像。毛脚燕属于燕科动物，也与家燕过着同样的空中生活。它的上体是钢青色的而下体是白色的，背上有白色的斑块。这种斑块以及略短一些的尾巴，能帮助我们把它跟家燕区分开来，它同样也是一种候鸟。

毛脚燕喜欢在屋檐下紧靠着墙的位置用泥巴来筑巢，轻轻地填塞严实。鸟蛋长长的，呈纯白色。毛脚燕和家燕一样，有着悦耳的叽啾声。

雨燕

炭黑色的雨燕并不是燕科动物，但是为了适应空中生活，它的身体也与燕子有类似特征——长尾巴、长翅膀，短嘴但喙裂较宽，便于在空中捕捉昆虫。它的下巴上有白色的斑块，其余部分皆为黑色，翅膀的形状像极了镰刀。

和家燕、白腹毛脚燕一样，雨燕也是候鸟。它在八月离开我们，直到第二年四月或五月才会回来。

它在屋檐下、老旧的墙上的洞里筑巢。这种巢不怎么牢固，因为雨燕用来筑巢的材料都是飞行中搜集来的，比如羽毛、绒毛、蛛丝、干草之类的。鸟蛋长长的，是白色的。

雨燕既没有鸣啭声也没有叽啾声，只有响亮而尖利的尖叫声。正如它的名字"swift"（迅速、飞快），它是飞翔速度最快的鸟儿之一。

2

小青蛙多得像下了一场蛙雨

　　大家离开绿地，走上一条暗绿色的小路，两旁高大的榆树在空中合拢，将这条路遮蔽得严严实实。脚下非常潮湿，因为树上一整夜都在滴水，沟渠也是湿润的。

　　孩子们走到半路时，惊喜地停下了脚步。"叔叔，您瞧，"珍妮特喊道，"小青蛙，得有好几百只吧！"

　　"昨夜下了一场蛙雨吧！"帕特惊讶地大笑道。

　　这确实是一幅奇景，小青蛙们从四面八方"扑通""扑通"往下跳，孩子们站在一旁认真地观看着。

　　"真高兴我们能看到这些，"梅里叔叔说，"因为这就像是青蛙卵和蝌蚪故事的续集，这些微小的青蛙正是我们在五月见到的蝌蚪。现在，它们已经长出腿来了，能正常呼吸空气，而它们的尾巴却消失了。眼前这些还只是幼蛙，五年后才会成为成年青蛙。”

"但是，叔叔，它们为什么会如此大规模地集中在这儿呢？"帕特观察着一小群小青蛙向着被雨淋过的潮湿沟渠进发，问道。

"嗯，"梅里叔叔回答，"在某个时间段，所有明智的青蛙都必须离开池塘并开始陆地生活。因此，它们必须在潮湿的沟渠里、浸水的草甸中或潮湿的堤岸上，为自己找个家。自然而然地，它们会选择地面较为湿润的日子来做这件事，因为它们实在是不喜欢任何干燥的地方。"

"毫无疑问，在昨晚的暴风雨之后，任何地方对于青蛙来说都是美好的水乡家园。"帕特说道，"我猜想，每只小青蛙都有同样的金点子，叔叔，它们互相呼喊着，'我们出发吧！'。"

"你说得很正确，"梅里叔叔说，"这是个非常有趣的场景，是不是？在乡村，当人们看见一大群小青蛙时，总是习惯说一定是下了场蛙雨，而且他们对这种说法深信不疑。"

弗格斯对幼小的青蛙们可感兴趣了，可它讨厌小青蛙们突如其来的跳跃或是猛地一动，于是就没去追它们。孩子们在潮湿的小路上小心前行，尽量不踩踏到任何一只旅途中的青蛙。它们真是好玩的小东西。

大家来到田野里，开始寻找新开的花。孩子们已经发现并说出了周围几十种花的名字，梅里叔叔听他们说着，嘴角露出了微笑。

"那不是新开的花，那是我们五月散步时见过的洋委陵菜。沟渠中又是异株蝇子草和布谷鸟剪秋罗。那儿是叉枝蝇子草，但我最喜欢的还是红色的那种①。"

"这儿又是另一种蝇子草新开的花！②"约翰突然说，"叔叔，有一天，我在树上看到过这个，但是我把它的名字给忘了。"

"没事，这很容易记住，"梅里叔叔从他手里拿过花来，说道，"看看它花瓣后面那鼓起来的花萼，就像是个小小的囊泡。"

"噢，对的，"约翰说，"这是广布蝇子草。这么明显的特征，我真是愚蠢！"

珍妮特带给梅里叔叔的是两种黄色的花，每种都是五片花瓣，盛开如小小的黄色野蔷薇。一种长有美丽的五指形叶片，赏心悦目；而另一种的叶片则完全不同，背面是银色的。

---

① 异株蝇子草可直译为"红色的蝇子草"，叉枝蝇子草可直译为"白色的蝇子草"。

② 原文campion，包括剪秋罗属、蝇子草属植物。

"啊，珍妮特，你能同时带来这两朵花，我很高兴。"梅里叔叔说，"我们来看看它们是因何得名的，也来瞧瞧二者之间的区别。这一朵有五指形叶片的，就叫五叶花[①]；而另外一种长有银色叶片的，看叶片背面的银色，我们就称它为银叶花[②]。你们现在一定能轻而易举地记住这两种小巧的黄色花的名字了吧，是不是？"

"噢，当然啦！"珍妮特说，"五叶花和银叶花。帕特，轮到你找出新的花来啦。"

"找就找，这儿就有一朵粉色的小花穗。"帕特说着，拿出花来给梅里叔叔，"到处都能看见这种花，叔叔，有一些开白花或绿花，不像这种开的是粉色的花。"

"这是蓼（liǎo）花，"梅里叔叔说，"这时节你们的确能发现大量蓼花。在我的蔬菜花园里就有不计其数的蓼花。帕特，如果你想要份工作的话，就来我家的花园，找出每一株害死蔬菜的蓼花，连根拔起。"

"好啊！"帕特答应道，"叔叔，看，那些绿色的线是刺荨（qián）麻的花吗？我还是头一次见到呢。"

帕特伸手试着去摘一枝刺荨麻，想仔细观察那绿色的花，但他迅速收回了手。"它刺了我一下，"他说，"噢，

---

① 学名委陵菜。
② 学名蕨麻。

它刺得可真痛啊！"

"去摘一片清凉的钝叶酸模叶子，"梅里叔叔说，"那能缓解你的疼痛。没错，帕特，那些绿色的线条一样的东西就是刺荨麻的花，但和多年生山靛一样，雌花和雄花分别长在不同的植株上。也就是刺荨麻先生和刺荨麻太太。"

"那是什么在刺我呢？"帕特问道，同时用一片清凉的钝叶酸模叶子包住了手。

"你们看见叶子上面的茸毛了吗？"梅里叔叔说，"注意了，那些尖端很脆，当你触碰时，它们就会断裂，刺进你的皮肤并注入一种极具刺激性的液体，使你的皮肤产生强烈的刺痛感。你们不难想象，大部分生物都避之不及，因此它们能轻而易举地野蛮生长。"

"哇，看呀！"珍妮特兴奋地叫了起来，"这儿有一朵百脉根，叔叔，已经长出种荚啦。您还记得曾跟我们讲起过，一定要在花儿凋谢后来寻找它吗？还说我们到时候就能发现它的种荚很像鸟爪的样子。果真如此！"

"又是一种名副其实的植物！"帕特说，满心欢喜地看着百脉根鸟爪一般的种荚。

不一会儿，他们就得回家了，也将新发现的花一起带回家。珍妮特面露不悦，她正试图避免让自己裸露的脚擦碰到布满泡沫或唾沫状小球的植物。

"叔叔,我十分讨厌这种唾沫状的东西。"珍妮特的脸上写满了厌恶,"这是什么?到处都是,这是从哪儿来的?我不喜欢这个!"

"这其实是一种小昆虫的家。"梅里叔叔解释道,珍妮特一脸嫌弃的样子让他乐坏了,"看吧,我让你看看清楚。"他摘下一棵带有"唾沫状东西"的草,用手指将这些泡沫抹掉,在里头果然有一只胖胖的绿色小昆虫。

"可算找到了!"梅里叔叔说着,给孩子们看这只小虫子,"它不喜欢太阳炙热的照射,所以渗出这种泡沫来保护自己并直接住在泡沫里面。它就是沫蝉的幼虫。沫蝉是一种精致小巧的褐色昆虫,经常会跳到你的手上又蹦走,长得就像非常小的青蛙一样。"

"噢,我认识它们。"约翰说,"当我碰它们时,它们一下子就蹦向空中,跟青蛙一模一样。沫蝉,多好听的名字啊!这里就是它们成为正常的褐色沫蝉之前的住处。我从来不知道沫蝉幼虫会住在这些白色的泡沫里,里头一定非常凉爽。"

"我们叫它们布谷鸟泡沫。"梅里叔叔说,冲着四周草丛上数十只泡沫球挥挥手,"我猜,人们曾经认为是布谷鸟制造出这些泡沫的,尽管我想象不出他们为什么会这样认为。约翰，你在干什么呢？"

"只是收集一些泡沫球带回家去，"约翰说，"我想亲眼看看这些幼虫是怎样成长为帅气又不惧阳光暴晒的褐色沫蝉。"

大家全都笑了。约翰已经收集了一大批幼虫和毛毛虫，他把虫子们照顾得挺好。梅里叔叔说，有朝一日，约翰能做出前所未有的重要探索发现，小男孩也一直希望这祝愿能成真。

"现在还没下雨呢，"珍妮特抬头看看天，说，"叔叔，您认为还会下吗？"

"不会了。"梅里叔叔说，"我有把握不会下雨，所以接下来的四十天都安全了！等我们下一次散步时，一定会是个晴朗的好天气，多好的事啊！"

"叔叔，马上就放暑假了，"帕特说，"到那时，我们随便哪天都可以跟您出去，再也不需要等到周末啦。"

"好啊，"梅里叔叔说，"那就约你们放假后的第一天散步，别忘了哦！"

沫蝉的泡沫

梅里叔叔说沫蝉幼虫住的泡沫又叫"布谷鸟泡沫",难道那些泡沫真的是布谷鸟制造出来的吗?

其实,沫蝉制造泡沫的初夏时节,布谷鸟正好从南方迁徙回来,到处都是它们的身影。那么挂在树枝、草丛上的一团团沫蝉泡沫,就被人们一度误以为是布谷鸟衔草时不小心掉在枝丫上的唾沫。沫蝉的泡沫,还被人们误当成是青蛙或毒蛇的唾沫呢。

沫蝉又叫"唾沫虫""吹泡虫""泡泡虫",它们吐的小泡泡跟唾沫很像,黏黏的,是沫蝉吃的植物汁液的排出物,混合着空气形成的。沫蝉宝宝就在这些泡沫的保护下一天天长大,直到有一天它们蜕变成成虫,就会从泡泡里出来,身体变成褐色,伸展开翅膀,像一只小小的蝉。成年后的沫蝉,有翅膀能飞,不需要躲在泡泡里了,也就不吐泡泡了。

3

在玉米秆上发现巢鼠的巢

暑假的第一天，孩子们一醒来就兴奋异常。长达八周的暑假尽在眼前，每周都有野餐和散步，每周都是晴天，简直太棒了！

珍妮特睡意蒙眬地想着：与梅里叔叔的美好散步作为整个暑假的开端，真是再好不过了。想起来真是不可思议，从前我们除了出去给人捎个口信，压根儿就没有正儿八经地散过步。一直以来，我们对那么多事物都视而不见、未曾留意！想想去年，一丁点儿东西都没看见过，我们曾是多么愚笨的孩子啊！

"假日愉快！"当梅里叔叔看到孩子们出现在花园里时，他说，"我本该工作一整天的，但不会忘了跟你们的约定，我们等吃过下午茶再出发吧，那时会凉快点儿，也舒坦些。"

这会儿的确很热，孩子们躺在树荫下纳凉，弗格斯也跟他们躺在一块儿，它那粉色的舌头吊在嘴巴外面。它现在不仅是梅里叔叔的狗，还是孩子们的好伙伴，孩子们很喜欢它。

吃完下午茶后，当大家出发时，天气果然稍微凉快了一点儿，弗格斯还是吐着舌头，它可不喜欢太热的天气。"你们看呀，它不能像我们一样脱掉自己的外套。"约翰一本正经地跟梅里叔叔说道，"我也跟可怜的弗格斯一样，讨厌在这大夏天穿上件毛皮大衣。"

"树木现在都长满深色的树叶了，对吗？"珍妮特说，"春天时，它们都还是一张张鲜嫩的绿色面孔，这会儿都已经变成深深的暗绿色了。"

"让我们沿着椴树大道走吧。"梅里叔叔提议，"现在椴树都开花了，蜜蜂也一定在那儿呢，它们发出的嗡嗡声多美妙啊。"

于是，他们来到这条窄窄的"椴树大道"，其实这是两排椴树之间的一条通道。椴树花怒放着，孩子们能看到六七簇带点儿绿色的黄花垂下来，被狭长的苞片守护着。

"哇，这香味！"珍妮特使劲地吸着，说，"噢，叔

叔，有点儿像忍冬的味道，芬芳馥郁，对不对？"

"快点儿听听这些蜜蜂的动静啊！"约翰惊异地说，"好吵的声音！叔叔，这儿恐怕得有上千只蜜蜂围着椴树花转吧。"

"的确有这么多，"梅里叔叔说，"蜜蜂喜欢椴树花朵供应的甜美花蜜。我们待会儿还会来这里，到时候再看看椴树小小的绿色球形果实。现在暂且先享受此刻吧，闻闻椴树花香，听听蜜蜂嗡鸣，夏日的韵味，此时正在这片小小的椴树大道上散发出来。"

这的确是件赏心悦目的事情，珍妮特拿定主意，明天也要带妈妈来体验一下。"真是奇怪，"她想，"这是今年夏天我们做过的最美妙的事情之一，然而我却从未听人提起过。我们错过了多少美好的事情啊，因为对这一切不曾了解或是未曾留意。"

大家离开椴树丛，走向田野。珍妮特朝着玉米田惊呼道："它们长得好高啊，叔叔，而且玉米叶子那窃窃私语般的声音多好听啊，是不是？"

"它们长着耳朵，所以这些私语都传到耳朵里了。"约翰说，"哇，叔叔，看呀，那究竟是什么？"

他指着悬挂在玉米秆上的一个稀奇古怪的球形巢穴，离地大约 20 厘米高。弗格斯跑上前去想嗅一嗅，但梅里叔叔将它拉了回来。

"不行，不要。弗格斯，那东西太珍贵了，你可不能毁了它！约翰，这是巢鼠的巢穴，一个小小的神奇的家。"

孩子们认真地注视着这个小巧的窝，两端距离不过几英寸而已，悬挂在几根玉米秆之间，有两三根玉米秆甚至穿过这个窝并使之直立起来。窝是由一些零散的玉米叶子和草搭建而成的。

"梅里叔叔，这么小的巢鼠，是怎么把自己的窝建造得如此美丽的呢？"珍妮特惊奇地问，"就像是一个编织得很紧密的球，它就住在这里面吗？"

"它全家老小都住这儿呢，"梅里叔叔笑着说，"是啊，里面也许住着六七个鼠崽子，还有它的老伴儿。"

"那房门在哪儿呢？"帕特问，寻找着窝的入口。

"哪儿来的什么房门，"梅里叔叔说，"每当巢鼠想要进出，它就会在搭成巢穴的叶子中推开一条路，然后挤进去或挤出去。"

"我们能等到它出来吗？"约翰问。

"恐怕不能，"梅里叔叔答道，"它知道我们在这儿，是肯定不会出来的，更别提当它闻到弗格斯的气味时。来吧，弗格斯，我们要走了，让这小老鼠再度自由呼吸吧。"

巢鼠和它们的窝

大家沿着玉米田继续前行，高高的篱笆上似斑点状点缀着黑莓灌木的花朵，都是粉色与白色的。

"等到了秋天，这里会有很多黑莓的，"帕特看着这些雅致的花说，"到时候我们一定得再走这条路。"

"那里有一些忍冬，"珍妮特说。她的眼睛看见了小喇叭似的粉黄色花，她的鼻子闻到了怡人的清甜芳香，"你们记得那次夜间散步时忍冬是多么芳香四溢吗？它在夜里比白天更香。"

这一天，孩子们在篱笆上还发现了一朵"新"花。"这花有点儿像我们家里土豆开的花，"约翰说，"梅里叔叔，这是什么花呢？"

"这是白英①，别名苦茄。"梅里叔叔回答说，"你们一定在秋天见到过它那鲜红色的浆果。"

"这是那种致命的、有毒的颠茄吗？"珍妮特问道，神色紧张地注视着这株植物。

"噢，不是的，你说的是一种非常稀少的植物，长着钟形的花朵。"梅里叔叔说，"约翰，瞧瞧那边那些花，看看它们都属于什么家族呢？"

约翰看着平铺着的花簇，立即回答道："伞形科

————————

① 学名欧白英。

植物。"

"回答正确。"梅里叔叔说，"这个家族的花极易辨识，对吧？这株是毒欧芹，那株是野胡萝卜，而远处小溪旁那株高大粗壮的是白芷①。仔细看看它们，注意观察它们的不同之处。我们也会把它们带回家去，通过仔细查阅图书来好好了解它们，因为这些花很容易混淆。"

"叔叔，远处那些是香蒲吗？它们是不是很美啊？"珍妮特问道，此时大家正前往溪边去摘白芷粗壮的茎。

"是的，它们是挺瑰丽多姿的，"梅里叔叔说，"它们才刚刚开放。你们喜欢它们那结实的褐色花头吗？再看看水里，那儿也有一株'新'花等着你们噢。注意看它的叶子，然后告诉我，如果今天让你来给它命名，你会给它取个什么名字？"

孩子们都仔细观察着，珍妮特率先回答道："叶子的形状像极了箭头，我们应该叫它箭头花②。"

"一字不差，确实就叫这个名字，"梅里叔叔高兴地说，"珍妮特，你在取名字方面真是天资聪颖啊。我估摸着，一定是有一个像你这么聪明的人负责给我们这些常见的花命名。"

---

① 学名欧白芷。
② 学名欧洲慈姑。

珍妮特这次是高兴得脸红了。她看着长在缓缓流动的小溪里的这株植物，观察到它有两类不同的叶子，正如水生毛茛一样。一种叶子是窄窄的、长在水面下的，而另一种长在水面上的则是光滑的箭头形叶子。花是白色的，有着紫色的斑点。

　　"箭头花，"珍妮特说着，往前探出身子去摘下一些，"要我记住这个名字绝对是轻而易举的事。噢，弗格斯！叔叔，它又一头栽进水里啦。我从没见过这样一只执迷不悟地掉进池塘或溪水里去的狗！"

　　弗格斯似乎很享受当天的水中生活，因为它扑腾了好一会儿才爬上岸来。接着又是常规动作，它摇动着身子，身上的水滴如雨水般飞向各处。它跟在大家身后轻盈地走着，扬扬自得。

　　"我猜它这会儿是不是觉得水里舒服又凉爽啊！"珍妮特说，"弗格斯，现在开始，你不许再把身上的水抖到我身上来啦！"

自然小课堂

蜜蜂之间怎么交流？

椴树开花了，香味扑鼻，蜜蜂们围绕着椴树嗡嗡地飞着。梅里叔叔带着孩子们，在椴树大道上感受着这美好的夏日时刻。你一定见过蜜蜂吧！你知道蜜蜂的嗡嗡声是从哪里发出来的吗？蜜蜂之间是怎么交流的？

蜜蜂是怎样发声的？

一直以来，人们都认为蜜蜂没有发声器官，它们在飞行时，通过不断高速扇动翅膀，使空气振动，来发出声音。然而，2002 年春天，湖北省监利县黄歇口镇中心小学六年级学生聂利到一个养蜂场去玩。她发现蜂箱上有很多蜜蜂，它们发出嗡嗡的声音时，翅膀并没有动。于是，她对自己学到的关于蜜蜂发声原理的知识产生了怀疑，自己动手做实验来找答案。在实验中，她发现蜜蜂是通过翅膀下面的两个小黑点来发出声音的。

她将这一发现写成论文《蜜蜂并不是靠翅膀振动发声》。在全国青少年科技创新大赛上，这篇论文荣获银奖和高士其科普专项奖。

蜜蜂舞蹈的秘密

当发现蜜源时，蜜蜂会通过跳舞来告诉同伴蜂巢和花蜜之间的距离和方向。

当蜜蜂跳圆圈舞的时候，表示花蜜在距蜂巢100米以内的地方，而跳8字形舞（也叫摆尾舞）则表示花蜜在距蜂巢100米以外的地方。

蜜蜂在跳8字形舞时，当太阳和蜜源在同一方向时，蜜蜂在跳舞时头朝上；当太阳在蜜源相反的方向时，蜜蜂在跳舞时头朝下。

发现蜜蜂舞蹈中的秘密的人，是德国动物学家卡尔·冯·弗里希。1923年，专门从事蜜蜂行为研究的弗里希博士，揭示了蜜蜂舞蹈的秘密。

蜜蜂们通过舞蹈语言，相互沟通，形成了侦察蜂、工蜂、女王蜂等一起生活的社会形态。

4

野外识虫记

在这阳光明媚的日子里，蝴蝶大量出没。孩子们知道其中一些蝴蝶的名字，当它们飞经身边时，就会一一喊出来。

"草地褐蝶！菜粉蝶！优红蛱（jiá）蝶！伊眼灰蝶！红灰蝶！潘非珍眼蝶！阿芬眼蝶！"

"那儿有一只我不认识的。"帕特说着，指向一只华丽而漂亮的红褐相间的蝴蝶。

"那是老豹蛱蝶。"梅里叔叔说，"瞧，这儿有一只奇特的蝴蝶，翅膀边缘古怪而不整齐。"

他们注视着这只蝴蝶那红锈色的翅膀，边缘一圈都参差不齐。"在它的下翼有一个逗号一样的标记。"帕特说。

"非常棒。"梅里叔叔表扬道，"这个记号就决定了它

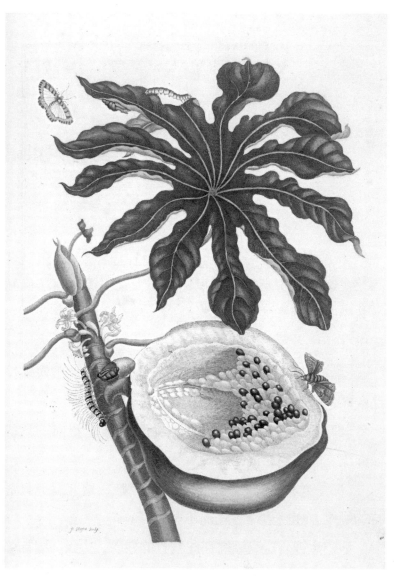

番木瓜·《苏里南昆虫变态图谱》中的画作

的名字——这就是逗号蝴蝶①！"

紧接着，他们看见了一只色彩鲜艳的小红蛱蝶独自飞过，然后帕特犯了个大错。

他看见一只鲜艳的红色斑点的昆虫，前翅是蓝绿色的，而深红色的后翅有黑色的边。"那儿有只可爱的蝴蝶，"他说，"看，它正立于一朵花上头，我们可以仔细端详一下。叔叔，这是什么蝴蝶呀？"

"我没见到任何蝴蝶啊！"梅里叔叔说，他直直地盯着那只红色斑点的昆虫。帕特有点儿耐不住性子了。"叔叔，您正直视着那只蝴蝶呀！"他说，"我的意思是，您一定能看见它呀！"

约翰咯咯笑出声来："帕特，这可不是只蝴蝶，这是飞蛾啊。难道你忘了叔叔告诉过我们，只有飞蛾才会把翅膀铺平在自己的背上嘛，此外，它们的触角要么像羽毛，要么像一条线。"

帕特再仔细地看了看这只飞蛾，心里懊恼不已。"可不是嘛，"他说，"这是只飞蛾！实在是对不起，我太傻了，梅里叔叔！我现在能看见它那丝线般的触角了，它没有像蝴蝶那样的棒状的触角，而且它也没有像蝴蝶那

---

① 学名白钩蛱蝶。

样把两边的翅膀靠拢起来。"

"你真是个粗心大意的孩子，是不是？"梅里叔叔眨了眨眼睛说，"是的，这是一只白天飞行的飞蛾，名叫六斑地榆蛾。所有地榆蛾都是这种可爱的小飞蛾。我们必须睁大眼睛，看看是不是还能发现其他地榆蛾。"

"叔叔，我在家里养了条可爱的灯蛾毛虫。"约翰说，"我喜欢这些毛茸茸的家伙，您喜欢吗？我的灯蛾毛虫会长成什么飞虫呢，在它把自己变成一个虫蛹之后？"

"灯蛾毛虫日后会变成那些美丽的豹灯蛾。"梅里叔叔说，"当你见到它们时，绝对不会认错的，深红色躯干的大飞蛾，深红色后翅上长着黑色的斑点，白色的前翅上也长着黑色斑点。这个季节的夜里，外面会出现许多可爱的飞蛾。注意搜寻那些黄色后翅、红色或深红色后翅的飞蛾。顾名思义，它们的名字就明确表明了自己的外貌特征。"

"梅里叔叔，昨天我看见一只巨大无比的飞蛾，"约翰说，"它几乎和一只麻雀一样大小，颜色也是褐色的。"

"信口胡诌的人！"珍妮特说，内心希望自己这一辈子都不要遇上如此庞大的飞蛾。

"我才没瞎编呢！"约翰愤愤不平道，"叔叔，您说是吗？"

"我认为你没有瞎说，"梅里叔叔为他证明，"你见到的飞蛾一定是我们说的老妇人夜蛾①，它往往拥有极宽的翅展，而且它永远一身淡褐色。"

"这个月里出现的昆虫种类繁多，几乎和花的种类差不多。"珍妮特说，她观察着一只细小的紫铜色甲壳虫在脚下的草地上仓促前进，"叔叔，这只闪着铜质光泽的小家伙叫什么？我见过好多只了。"

"这是树栖虎甲，"梅里叔叔瞄了一眼后，回答道，"它好像挺着急的，对不对？它们总是这样急急忙忙的，好像生怕错过一列火车似的！"

"让我们坐下来歇会儿吧，"帕特说，"我们今天可走了不少路啊，我有点儿累了。叔叔，这会儿变得更加凉快舒爽了，对不对？我喜欢夏天的夜晚。"

大家都坐了下来，稍作休息，只有弗格斯自顾自地探险去了。珍妮特注视着草地上不同种类的甲壳虫，不时地用手拍打、驱赶自己光腿上的飞虫和蠓（měng）虫。她指着一团缓慢飞行的昆虫。

"这是什么飞虫？"她问道，"它们刚刚还飞得挺高，接着就降下来一点儿了。"

---

① 原文 old lady，无标准中文译名，拉丁学名 mormo maura。

"这些是长出翅膀来的蚂蚁。"梅里叔叔回答，"还记得我曾跟你们说起过吗？雌蚂蚁会在夏天长出翅膀来，然后就会从地下的家里出来活动。那些个头小一点儿的长翅膀的蚂蚁是雄性的。"

一只蝗虫在空中高高跃起，然后落在了帕特身边，等帕特想抓住它时，早就不见了踪影。"它得有多么强有力的腿才能跳得这么高啊！"帕特说，"啊，这会儿它在唧唧叫呢！叔叔，您听见了吗？"

梅里叔叔点点头，他的耳朵什么都能听得见，而他的眼睛什么都不会错过。"我看见了一只飞蛾，长着最为迷人的触角。"他说。孩子们都顺着梅里叔叔指出的方向看去，见到一只褐色的大飞蛾，它的前翅上有着白色环状纹，美丽的触角恰似一对羽毛。

"这是只酒鬼飞蛾①。"梅里叔叔说。

"那它喝什么呢？"约翰很感兴趣地问。

"它是毛毛虫形态的时候，喝的是露珠。"梅里叔叔答道，"这倒真是个离奇有趣的情景，哦，只不过因为毛毛虫时代喝了几滴露珠，长成飞蛾后就得被人家叫成酒鬼。"

---

① 学名草纹枯叶蛾。

"您可真会跟我们说些有趣的事情。"珍妮特说，脑海里浮现出一条毛毛虫拿一滴露珠当饮料的景象，"噢，叔叔，多么美丽又闪亮的绿色飞蛾啊！"

原来是弗格斯闯进灌木丛中，摇晃着低矮一些的枝条，从中飞出来一只色泽鲜艳的绿色飞蛾。梅里叔叔一说出这只飞蛾的名字，珍妮特就觉得这再恰当不过了。

"红腰绿尺蛾，"梅里叔叔说，"很漂亮，对不对？"

"叔叔，我准备学习关于每一只飞蛾和蝴蝶的知识。"约翰说，"我觉得它们都太可爱啦！"

"好啊，那你会很忙碌的，约翰！"梅里叔叔大笑着说，"恐怕得有成千上万只吧，我了解的都还不到一半。"

孩子们都不信他这句话，因为他们都认为梅里叔叔无所不知、无所不晓。

一只蝙蝠在他们头顶转圈，接着来了第二只、第三只。珍妮特一点儿畏缩的样子都没有。梅里叔叔瞟了她一眼，面露悦色。

"飞蛾对她左右夹击，蝙蝠把她前后围困，而她既不尖叫，也不惊跳。"梅里叔叔说，"真是了不起啊，珍妮特！"

"叔叔，我现在喜欢上蝙蝠了，"珍妮特说，"在我们的一本书里，我认真地学习了关于蝙蝠的知识。它们真的看上去就像是飞行的小老鼠。您知道它们飞行时还得随身带着自己的宝宝吗？叔叔，您听见过蝙蝠的尖叫声吗？我那本书上说，它们的叫声是很高频的声音，只有耳朵特别灵敏的人才听得到。"

"没错，我曾听到过。"梅里叔叔说，"弗格斯，你这只小傻狗，你是永远都抓不着一只蝙蝠的！看它那冲着蝙蝠跳起来的样子啊！"

又到了回家的时间了。"夜晚正变得越来越短，"珍妮特说，"我真不希望这样。梅里叔叔，这是个美好的夏天，对吗？不久就要到八月了。噢，天啊，紧接着就是九月，就该准备进入冬季啦。"

"振作点儿，我们离冬天还远着呢。"梅里叔叔说，"在那之前，还有很多新奇的事物等着我们去寻找、去体验呢。"

他们走回家时，虽然觉得有些疲倦但都很兴奋。上床睡觉前，约翰努力尝试着记住所有的事情，那样他才能在第二天把这些事物分门别类地登记到各种图表中去。他一边打着瞌睡，一边还念叨着这些名字："酒鬼飞蛾、巢鼠、白芷、箭头花、老妇人。哦，天啊，老妇人是飞蛾的名字还是花的名字来着？"

在全都记住这些名字之前，约翰早已进入梦乡。

自然小课堂

昆虫学家梅里安

　　玛丽亚·西比拉·梅里安（1647—1717），是德国一位富有传奇色彩的女性博物学家、昆虫学家和画家，她的画作完美结合了绘画艺术之美与自然科学的严谨，她被誉为"与昆虫共舞的女人"。

　　1699年，梅里安前往苏里南的荷兰殖民地，观察研究并描绘那些她从儿时起就感兴趣的昆虫。她精心描绘的蝴蝶及其赖以生存的植物、花卉或果实图案，兼具艺术性和科学性，被誉为"美洲大地上绘出的最美丽的作品"。这些描绘苏里南地区昆虫和植物的水彩画作，集结成《苏里南昆虫变态图谱》，于1705年出版发行。这部作品首次向人们展示了动物群生长的自然环境，以及植物与昆虫之间的相互关系。

　　为了纪念她，1992年德国发行了500马克纸币。纸币的正面是梅里安的画像，背面是梅里安所绘的毛毛虫和蒲公英。

鲦豆·《苏里南昆虫变态图谱》中的画作

八月自然散步

　　蔚蓝色的大海平静地展现在眼前，绵延至天边，海天一色，壮美无边。远处几艘白帆小船驶过，头顶数只白翅海鸥掠过，孩子们愉快地欣赏着。又见大海，他们个个喜不自胜！

　　孩子们认为在海边漫步是一次最佳的散步体验。他们喜欢聆听大海的声音，感受海风的惬意，享受海浪的清凉，还有那些俯拾即是的诸多奇妙生物。连弗格斯也不例外，它喜爱追逐波浪时，浪花打在沙滩上，弄湿它的小爪子。

5

去海边发现新事物

　　八月来临，在骄阳的炙烤下，天气有点儿酷热难耐。弗格斯变得懒洋洋的，躺在了阴凉处，孩子们觉得天气太热，无法出门走太多的路。

　　"喂，喂，好啦！"传来的是梅里叔叔的声音，他的头和肩膀出现在花园的墙头，"多么懒惰的一群孩子呀，一个个躺在草地上。估计你们都觉得天太热，不能出去散步吧。"

　　约翰坐了起来，其他两位动都懒得动。"叔叔，哪怕有一丝凉风也好呢！"珍妮特抱怨道，"太阳火辣辣地直射下来，我们都快要无法呼吸啦。"

　　"唯一能吹到清风的地方只有海边啦。"帕特说，"在大海边上，永远都会有丝丝清风的。"

"既然这么说，那不如我们赶趟火车去海边溜达一天，怎么样？"梅里叔叔说，这出乎所有人的意料，"只不过一小时的路程而已，我们明天就去吧？"

这会儿，三个小朋友全都直挺挺地坐了起来，睁圆的眼睛里满是欣喜。

"噢，叔叔！您此话当真吗？"珍妮特激动地喊道，"一次海边的散步，沿着海岸线，这真是一桩无比美妙的事情！"

"当真啊，"梅里叔叔回应道，"看起来我们已经达成共识。麻烦妈妈为你们准备好明天的午餐和下午茶点。如果她答应的话，我们就去赶十点整的火车。海岸上绝对会有一大批新鲜事物等待你们去发现。这个月，你们在田野和树林里看不到多少新的花儿或昆虫，所以往大海的方向前进是个好主意。"

第二天，每个人都按捺不住兴奋的心情，弗格斯也不例外，它似乎听得懂今天要赶火车奔赴某个美妙的地方。十点钟刚过，火车载着五位漫步者快速驶离车站，奔向海边。

"我想找点儿螃蟹，"约翰说，"再找些对虾和小海虾，还要找海星。"

"而我想找一只水母，"帕特说，"长得像伞一样的有趣生物，是不是啊，叔叔？"

"我想要收集贝壳，"珍妮特说，"我还要去寻找海藻。"

"汪汪汪！"弗格斯也想说点儿什么。大家都笑了。"它在说，还想像往常一样去找兔子。"珍妮特说。每当弗格斯叫唤时，珍妮特总是装作一副完全理解它在说什么的样子。

抵达目的地前的一小时车程显得尤为漫长，但即便还没抵达，大家已经能感受到海风拂来，吹进这酷热的车厢内，他们愉快地深呼吸着。

"终于迎来一缕清风！"约翰说，"哇，看啊，那儿就是大海！"

蔚蓝色的大海平静地展现在眼前，绵延至天边，海天一色，壮美无边。远处几艘白帆小船驶过，头顶数只白翅海鸥掠过，孩子们愉快地欣赏着。又见大海，他们个个喜不自胜！

车刚进站，大家就迫不及待地迅疾冲出火车，接着飞奔去寻找海岸。珍妮特立马脱下凉鞋，奔向海滨。她突然发出一声尖叫，停了下来并开始单脚蹦跳着。

"哇！噢！什么东西扎了我一下！"

海鸥

"哎呀，珍妮特，走路看着点儿啊！"梅里叔叔说着，指向一处满是碎石的沙子，那儿长着一株多刺的植物，"你踩到这棵滨海刺芹①了，它叶子边缘长着的尖锐锯齿刺到你的脚了。哈哈，不得不说，这可真是一种滑稽的发现新花的方式。"

孩子们注视着这株美丽的滨海刺芹，它的叶子带点儿蓝色，花儿也是蓝色的。

"你们来猜猜看，为什么叫它滨海刺芹，即便它根本就不属于冬青家族。"梅里叔叔说。

"这儿又有一朵新花。"约翰说，"噢，看看它那颀长的荚果，叔叔，就像动物的角似的。这是棵可爱的黄色罂粟花。"

"它叫黄花海罂粟。"梅里叔叔说，"再来看看那一层小巧精致的绿色植被上长出鲜艳的粉色花朵呀。"

孩子们仔细观察着粉色花朵点缀在绿色植被上，感到十分惊讶。"怎么会啊，叔叔，我们家的花园里也有这种花呀！"珍妮特说，"就在我们一个长花坛上，生长着整整一边呢，这是海石竹啊。"

"没错啊，"梅里叔叔说，"它的别名还有海粉花和海

_____

① 别名海冬青。

雏菊。你们看，那儿是海边薰衣草 ①。"

一株开着薰衣草般蓝色花的粗壮植物生长在一片非常泥泞的沙滩上，很容易看出来它为什么会被称为海边薰衣草。

"我们今天能到这儿来很幸运，"梅里叔叔说，"因为这里不仅有沙子和鹅卵石，还有一片片可供其他花生长的泥质海滩，我们还能发现不少新品种呢。"

"我想往大海的方向走走，"帕特语气里充满期待，"行吗，叔叔？正在涨潮，是不是？海水马上就会覆盖整片海滩的。"

"那就赶紧走吧，"梅里叔叔说，"远处那里有一片精致的沙滩，你们赤脚蹚水玩一会儿去吧，接着我们再看看能发现些什么。"

"真遗憾已经涨潮了，"约翰说着，光着脚丫欢快地踩出一阵阵水花，"潮水会把海边岩石间的潮水潭全部吞没，我多想去这些潮水潭探索一番，看看能发现些什么。"

孩子们玩了一会儿水后，都觉得饿坏了。他们跑去找梅里叔叔。他正躺着，眼望着天空中一只只展翅翱翔的大海鸥。

———————————

① 学名欧洲补血草。

"到午餐时间了吗？"帕特问。

梅里叔叔摇了摇头："还没到呢，你们还得为了午餐而努力一下！每个人必须给我找来四样新事物，不管是植物还是动物，找来后我才会给你们发三明治。"

孩子们笑成一团。梅里叔叔总是像这样给他们派发任务，而这些任务都是那么有趣。大家跑开搜捕新东西去了。

约翰找到了四种不同的贝壳。珍妮特找到了四种海藻，把它们放进自己的水桶里。帕特找到了两朵花、一枚贝壳，还有一个奇怪的黑家伙，四角上分别悬着一根长臂状的东西。他无法想象这个长角的黑色玩意儿是什么。

"好嘞，"梅里叔叔说，"你们的午餐有着落了！看看你们都找了些什么？"

"四枚贝壳。"约翰说着，把它们摊在梅里叔叔的大腿上，"我认识这枚是帽贝 ①，它就像一顶尖角帽，是不是？我喜欢它。"

"没错，一枚帽贝。"梅里叔叔回答，他把帽贝放在自己的手指上，它就像尖尖的顶针。他接着说，"你们时常听到这句谚语'像帽贝一样死缠烂打、纠缠不休'，是

---

① 学名欧洲帽贝。

不是？的确，帽贝能牢牢地黏在岩石上，你几乎不可能把它挪开。它是一种甲壳类水生动物，一种单壳类软体动物，就是只有一片壳的生物。"

"那这枚是什么呢？"约翰问，拿起一枚稍大的形状优美、有着凸起线条的粉黄色贝壳。

"这是扇贝①。"梅里叔叔回答，"你们一定曾在鱼贩子那里见过大得多的扇贝。这是一种双壳类软体动物，也就是有两片壳的生物。你只找到了其中一片贝壳，两片贝壳靠这里的蝶绞部位拼在一起。"

"哇，叔叔，这些空空如也的贝壳里曾经都有活生生的动物吗？"珍妮特觉得不可思议地说道。

"当然啦，"梅里叔叔说，"你们找到的所有这些空贝壳，曾经都是一个个小生命的家。一些住在一片贝壳内，另外一些住在两片贝壳里。牡蛎就是两片贝壳；那边岩石上蓝色的紫贻贝也是两片贝壳，正靠着细丝牢牢黏在岩石上呢。再来看呀，约翰拿来的又是一枚双壳类软体动物，也是最常见的一种鸟蛤（gé）②。当这只鸟蛤还活着的时候，它也是有两片贝壳的，靠后面这里微小的蝶绞连接在一起。"

---

① 学名欧洲大扇贝。

② 学名欧洲鸟蛤。

软体动物

约翰看看这枚心形的贝壳，翻转过来置于自己的手掌心，想象着住在两片贝壳里头，能按照自己的意愿随时打开或合拢的样子。

"那么，鸟蛤住在哪儿呢？"他问道。

"它们把自己埋在沙子里头。"梅里叔叔回答道，"你们有没有见过突然喷射到海滩上的一小股水柱？那就是埋在沙子里的鸟蛤喷出来的。它们用自己那只巨大的肉乎乎的'脚'挖坑，把自己深埋进沙子或泥浆里；依然还是靠着这只脚，它们能在沙滩表面自在'行走'。"

"真是不可思议，"约翰说，盼望着能一睹活生生的鸟蛤背着双壳在沙滩上蹦来蹦去的风采，"叔叔，这最后一枚贝壳是什么呢？这是峨螺^①吗？"

"没错，"梅里叔叔答道，他看着这只有着尖尖顶部、螺旋状的大贝壳，"绝对是单壳类的。好了，约翰，这就是你带来的四样东西了。那么，帕特，你的呢？"

---

① 学名欧洲峨螺。

6

期待下次海边远足

　　"我找到了一枚贝壳、两朵花，外加这个古怪、长角的东西。"帕特说，"叔叔，这枚贝壳很漂亮，是不是呀？"

　　它的确很美，色彩艳丽，散发出珍珠般的光泽，有着圆锥体的形状。

　　"这是只马蹄螺，"梅里叔叔说，"你们总是能找到各种可爱的东西。帕特，你手中这个非常奇怪的长着角的东西，是一条鱼的储卵囊。"

　　"老天爷呀！"珍妮特惊喜地说，"您是说一条鱼把它的卵放在这里面了吗？"

　　"这是鳐鱼的储卵囊，"梅里叔叔说，指着上面一条裂缝，"当卵孵化成小鱼后，就是从这条缝里出来的。而在孵化准备就绪之前，鱼卵就在这里被妥善保存着。这是不是一个绝妙的主意啊？你们有可能会看见相似的另一种储卵囊，那是属于白斑角鲨的。这挺容易分辨出来的，因为它的边上有卷须状扭曲的'把手'，午餐后你们可得找找这个。"

帕特把剩下的两样东西也交给梅里叔叔，那是两朵花，其中一朵非常像长在孩子们家中花园里的紫罗兰，约翰这么说着，梅里叔叔点头表示认同。

"这是沙地紫罗兰，"他说，"这淡紫色的花像极了我们花园里的紫罗兰，是不是？而另外这种花也与我们在田野里看到过的某种花很相似，对不对？"

"这像是田旋花，也就是缠绕草，"珍妮特反应很快，"这种可爱的玫瑰色的花就叫滨旋花①吗？"

"完全正确。"梅里叔叔说，"它的花像是可爱的粉色小喇叭，对不对？好啦，我们的进展还挺顺利的，发现了这么多新花和新物种，是不是？珍妮特，你给我带来了什么呢？"

"海藻，"珍妮特回答道，从她那一桶水里捞出一根来，"看呀，叔叔，这根海藻长有奇怪的小囊状物，当它干枯时会破裂。"

"这是墨角藻，"梅里叔叔说，"而另一根漂浮在你桶

----

① 学名肾叶打碗花，别名滨旋花。

里的雾粉色的漂亮海藻是珊瑚藻。"

约翰偷偷地往珍妮特的水桶里瞄了一眼，在里头看到一些鲜绿色的宽叶海藻："好像莴苣。"

梅里叔叔点点头。"没错，"他说，"这就是海莴苣，也叫石莼①。如果你去找找看，也能在水塘里找到紫色的海莴苣。"

"叔叔，那这最后一根海藻是什么呢？"珍妮特问，手里拿着一大片海藻，怕是得有几英尺长。这闪亮的红褐色海藻看起来像片光滑的皮革。

"这是掌状海带，"梅里叔叔说，"它只生长在深海里，但有时候一场暴风雨会把它撕裂，部分海藻就会随着波浪漂到海滩上，我们才能看见它。"

"好啦，这会儿我们懂得不少了。"珍妮特愉快地说，"叔叔，我们现在可以得到三明治了吗？"

大家都美美地饱餐一顿，吃完就都躺下休息了。等到他们重新坐起来时，潮水几乎都要冲到脚上啦！

"噢，叔叔，真是令人失望啊，海水已经浸没了所有的潮水潭，我多么期待在那里面寻找一些新东西呀！"约翰抱怨道，"我想搜寻小海虾、对虾和螃蟹，还要找找

---

① 学名石莼，别名海莴苣。

水母和海葵。"

"怎么办呢？我们现在肯定是没办法去找了，"梅里叔叔说，"要是不赶紧挪动的话，大海也会把我们吞没了。瞧，珍妮特，你脚边还有另外一种我们没有发现的贝壳，那儿又有一种。"

其中一种贝壳很快被孩子们认出来了，因为它经常出现在店铺里头，是深蓝色的滨螺；另一种鲜艳的橙色螺旋形贝壳特别漂亮。

"这贝壳里原来住着的是一只小海螺，"梅里叔叔把海螺放在手上说，"你们也会发现黄色或暗绿色的海螺壳。这种微小的生物拥有与众不同的带状舌头，上面长着数百只牙齿，能用力刮擦海藻。"

"拥有这样的舌头真管用啊。"约翰说，幻想着自己也能有条这样的舌头，"在咀嚼硬面包的外皮时，我的牙齿似乎派不上什么用场，但这样一种舌头一定能把面包咬得粉碎！"

珍妮特又发现一枚非常优雅的贝壳，严丝合缝的螺旋转到一个尖锐的顶点。

"这是梯螺，或旋转楼梯螺，也叫绮蛳螺①。"梅里叔叔说，"我认为它们几乎是海滩上最漂亮的贝壳啦。"

---

① 学名绮蛳螺，别名梯螺。

海水溅在约翰的脚上，逗得他欢乐开怀。"我又要去踩一会儿水啦！"他说走就走了。帕特、珍妮特和弗格斯也很快跟了上去，在海浪中愉快地玩水。弗格斯彻底放飞自我了一次，每当看到一个浪花泡沫在它附近破裂，它都要叫上两声。

梅里叔叔再次注视着大个头的海鸥们，他说自己能盯着它们优雅的滑翔表演看上一整天。珍妮特过来坐在他身边。

"这是我们最常见的海鸥，"梅里叔叔说，指着一只头部暗褐色、嘴部和脚部深红色的大海鸥，"它被称为黑头鸥①，就是因为那深色的头部。"

"那边那只体形特别大的海鸥叫什么名字？"珍妮特问，指着一只脚是肉色、嘴是黄色的灰珍珠色泽的鸟，"我也经常看见这种海鸥。"

"是的，这也是一种很常见的海鸥，"梅里叔叔说，"它的名字是银鸥。另外一种背部和翅膀都是黑色的叫大黑背鸥。就像你看到的，这儿有许多不同种类的海鸥。"

他们注视着大海鸥张开翅膀滑翔。"梅里叔叔，我多想自己也能那样飞翔啊，"珍妮特说，"看起来多帅气

---

① 学名红嘴鸥。

在海滩上"寻宝"

呀，对不对？"

不一会儿，就到了下午茶时间，这之后就该赶时间去火车站了，他们还得再次赶火车回家呢。孩子们随身带上找到的那些海藻、贝壳以及其他宝贝。约翰再次在脑海中复习了一遍这些东西的名字，这样他就能制作一张特别的海边图表了。

"真是遗憾，这次没能抓到点儿螃蟹、小海虾和水母，"他对梅里叔叔说，"我觉得很失望。"

"哎呀，那不如这个月我们再相约进行一次海边远足？"梅里叔叔说，"我们暂时将乡村田野留给九月，怎么样？约翰，八月里我们再来海边走一遭，看看我们是不是能找到你想看见的一切。"

"哦耶！好呀！"孩子们眼里迸发出喜悦的光芒，齐声答应。

"我不怎么介意现在就回家了，"约翰说，晃了晃口袋里的贝壳，"我应该开始好好期待下一次远足了。您真好，梅里叔叔！"

"汪汪汪。"弗格斯叫着，跳上梅里叔叔的膝盖，舔着他的脸，"汪汪！"

"它说它的想法与约翰一致！"珍妮特笑着说。她说得没错！

7

再次去海边

八月份已经接近尾声，白日里依旧酷热难当，但夜里会稍微好一些，甚至都有了些许的凉意。梅里叔叔信守着对孩子们许下的承诺。他已经离家一两周了，孩子们焦急地期待着他跟弗格斯快些回来。

"梅里叔叔回家啦！"约翰大声喊道，飞奔向珍妮特和帕特，他俩正帮妈妈跑完腿回到家里，"快点儿过来见叔叔呀，还有弗格斯，它长胖了，它见到我实在是太兴奋了，不停地滚来滚去。"

和孩子们的心情一样，梅里叔叔再次见到他们时也很开心。"好啦！"他说，"我猜你们是下定决心要尽快再次赴海边漫步，听说明天就要出发？"

"嘿嘿，我们并没有执意要去呀，叔叔，"珍妮特礼貌地说，眼睛闪烁着，"但如果明天能去，那简直太棒了。"

"明天可以的。"梅里叔叔表示同意，"你怎么看呢，弗格斯？走点儿路对你有好处的，我的小胖狗。城里的生活还是不适合你，使你变得又胖又懒。"

到了第二天，当他们动身出发去赶十点钟的火车时，弗格斯可一点儿也不懒惰。它和孩子们一样激动，它那黑色的小短腿狂奔着，像是在参加一场跑步比赛。

他们再度踏上沙滩，凉风吹拂在脸上，感觉真是惬意而舒坦。潮水潭还没有被淹没，而且离海面远着呢，孩子们可以找到所有期盼的东西。

"我找到水母啦！"帕特大声呼喊着冲到沙滩上一小片圆圆的果酱状物体前，将它捡了起来，"叔叔，您看，我来把它放进那边的小水塘里！"

帕特把这个古怪的生物放到附近较深的一个水塘里，大家都观察着它像雨伞一样打开。当水母像一个大蘑菇一样在水中游动时，它的下伞面一圈触角悬垂下来。

"那些触角能刺得对手痛苦万分哦，"梅里叔叔说，"它们不能伤害我们，因为我们体形高大，但任何体积小一点儿的生物如果撞上它，会被狠狠地叮上一口，然后就会被水母带走当作美味大餐。"

"叔叔，我曾经有一次被水母叮过，是真事。"珍妮特说。

"啊，好的，但不是眼前这个品种，"梅里叔叔说，"有一种大一些、褐黄色的水母，有时候会数百只一起涌上沙滩，会叮得游泳的人们很痛苦、很受伤。"

"梅里叔叔，岩石上那些像红色或绿色醋栗果酱一样的疙瘩是什么呀？"约翰惊讶地问。大家都看了过去。

正当大家观察时，一两颗果酱似的疙瘩膨胀了一点儿，环绕着顶部边缘一周张开了美丽的流苏。这流苏在随海水起伏，仿佛花朵上的花瓣。

"是海葵，"珍妮特说，"它们很漂亮，对不对？叔叔，它们是花吗？"

"并不是，"梅里叔叔回答道，"它们就是一包肉加上一些中空的触手而已。把你的手指放到那些触手上去，珍妮特，你就能感受到它们是怎么黏住你的，也就会知道海葵是如何获取食物的。任何小生物只要来到触手可及的范围，就会直接被拖进海葵的胃里，走到自己生命的终点。"

"我才不想把手指搁那儿呢。"珍妮特说，她有点儿害怕海葵会黏住自己的手指并吞下去。但约翰和帕特对此则毫不畏惧，一个接一个地把自己的手指放到摇摆的触手上，体验着被触须牢牢抓住的感觉，还试图把手指伸到海葵底部那肉乎乎的袋囊里去。

"叔叔，让我把这微小的贝壳喂给海葵吃吧。"约翰突发奇想地说。他随即把一枚小贝壳扔到海葵的触手上头，只见触手合拢，眨眼间贝壳就被拖进下方的肉袋里——也就是这种怪异生物的胃部。

然而海葵并不喜欢贝壳！不一会儿，当它再度张开触须时，放出来一枚空贝壳。此情此景，让孩子们乐不可支。约翰还想继续喂给海葵一些它不想吃的东西，"这样我就能看到它把东西吐出来。"他说，但梅里叔叔不同意他这么做。

在同一个水塘里，还有大量阴暗的沙褐色生物。

"小海虾！"帕特说，"我的网在哪儿呢？"

他抓到了一些虾，放到自己的水桶里。大家都低头注视着它们，弗格斯也想看看，但几乎要把水桶打翻。

小海虾们在桶里到处冲刺，当看到它们有时突然往后方急促退去时，约翰笑坏了。

"它们并不是用前腿来游动的，"梅里叔叔说，"靠的是身体后方那些奇怪的须状腿——'游泳足'来游泳。它们强壮的尾巴同时也会提供帮助，尤其是在它们倒退冲刺时。"

"我们把小虾们放回到浅水塘里吧，在那儿我们能看得更清楚一些。"帕特说。于是水桶被清空，但小海虾们一回到水塘里，就马上游到底部的沙子里，在沙子里挖洞，把一团团沙子盖在身上，静静地躺着，落下来的沙粒将它们覆盖并隐藏起来。

"真是机灵啊！"珍妮特感慨道，"噢，叔叔，看呀，那儿有一只非常大的虾！"

"这是对虾，"梅里叔叔说，"所以你们现在可不要跟我说对虾是红色的，它们只是在被煮熟的时候才会变成那种颜色。它真是个英俊的大家伙，对不对？"

"我无法分辨它究竟是对虾，还是一只很大的小海虾？"约翰说。

"挺简单的！"梅里叔叔解释道，"你们看见它触角中间一根突出的尖刺了吗？小海虾也有这个。但是，如果你去触摸一下对虾的尖刺，或者仔细观察就能发现，它们的尖刺有着锯齿状边缘，而小海虾则没有。再看看对虾那奇特的眼睛，你们看见了吗？"

"叔叔，难道它们的眼睛长在那些柄的末端吗？"珍妮特说，她看着眼柄上面两个黑色的东西觉得十分意外，"哇，真是奇怪！"

"带柄的眼睛！"约翰说，"弗格斯，你觉得带柄的眼睛怎么样啊？你要是用这种眼睛戳到兔子洞里去，准把兔子们都吓坏了。"

大家脸上都笑开了花。"别犯傻了，约翰。"帕特说，"哇，那里有螃蟹，天啊，像这样侧着一边匆匆地奔走，它是怎么做到的啊？我喜欢螃蟹。"

梅里叔叔拿起一只螃蟹来，它想要用自己小小的蟹钳咬叔叔的手。"滑稽的小东西！"梅里叔叔说，"我发现你穿上了件漂亮的新'外套'！我猜你是不是一两天前，刚刚从自己的旧外壳里头脱身出来的？"

孩子们目不转睛地凝视着。"螃蟹是怎样从它坚硬的硬壳式外套里钻出来的呢？"约翰问，"它既不能解开扣子，又不能摘下挂钩！"

"是不能啊，但它会使外壳裂开来，"梅里叔叔说，"就像毛毛虫那样，它总是会长得太大，使得外壳覆盖不住，就会把壳给撑裂开。螃蟹在壳里有着柔软的身体，而它也充分意识到，敌人们都想趁它没穿任何护甲的时候吃掉它。所以，当它觉察到自己将要破壳而出的时候，它就会把自己妥善隐藏起来。遮盖着它柔软身体的新外壳需要点儿时间来变得硬起来，直到这个过程结束，直到再度感觉自己安全了，它才会从藏身之处跑出来。等到它重出江湖的时候，我敢保证它的朋友们都认不出它来了，因为它已经比之前大了一圈。"

梅里叔叔把这只螃蟹一放下来，它就继续急匆匆地跑开了。它发现一片温润柔软的沙子，便一头钻了进去。转眼之间，就遍寻不到它的踪迹，它已经消失了！

自然小课堂

尊重动物和植物

当约翰还想继续喂海葵一些它不想吃的东西时，梅里叔叔没让他那么做。这是为什么呢？因为大自然中的动物和植物都是我们的朋友，我们应该尊重它们，爱护它们，不打扰它们的生活，给它们足够的空间。这样，才能做到人与自然和谐相处。在野外，当你遇到小动物时，是怎么做的呢？

8

寻找寄居蟹

"要是没有穿这层外壳的话，一只螃蟹还能做点儿啥呢？"约翰问道，"我绝对认为穿上这样一种盔甲是个绝妙的好主意。"

"还真有一种螃蟹不穿任何精制盔甲呢，"梅里叔叔说，他在沙滩上四处搜寻着，"看看你们能不能帮我找到它。找找那种大一点儿的峨螺壳，看看有没有一些奇怪的东西挂在外壳的入口处。"

孩子们觉得这听起来有点儿不可思议，找一枚在入口处有东西挂着的大峨螺壳。这东西与没穿任何精制盔甲的螃蟹有什么关系呢？但他们还是出发去搜寻这样的峨螺壳了，弗格斯也跟了上来。

没有人能找到那样的峨螺壳，大家都只看到空空如

也的壳，没"人"能找到，没错，除了弗格斯。它发出一声尖利的狂吠，孩子们全都跑过来看究竟发生了什么事。弗格斯正冲着一枚大峨螺壳咆哮着，那壳似乎自己在移动。

"噢，看哪，这枚峨螺壳长出了悬在壳外的'脚'，它似乎靠这些脚拖着自己在移动。"珍妮特喊道，"叔叔，叔叔，快过来看呀！"

"啊，这就是我想要你们去寻找的。"梅里叔叔愉快地说。他捡起这枚大贝壳，悬在贝壳入口处的那些脚一下子伸得更长了，孩子们得以看见脚上面微小的细爪。

"你们眼前的就是一只不穿盔甲的螃蟹，所以它不得不找颗贝壳来保护自己。"梅里叔叔说，"它的名字是寄居蟹，正如你们看到的那样，它的确非常聪明。它找到了一枚硕大的峨螺壳，作为自己的家。就像蜗牛那样，它无论去哪儿都把这个'家'背在身上。当然啦，这个壳并不是真的长在它身上。只要它愿意，它可以随时丢弃这个壳。"

"那我猜如果它的身体再长大一些，就必须离开这个峨螺壳，转而去寻找一枚更大的贝壳，"约翰说，"多棒的探险经历啊！叔叔，我能把它弄出来，看看它长啥样吗？"

"不行，"梅里叔叔不同意，"它用自己身体的末端紧紧抓住贝壳内侧的顶端，如果你强行把它拉出来的话，可能会伤到它的。它真是个古灵精怪的小生物，是不是？"

"今天我们见到了好多怪异的生物啊，"帕特说，"叔叔，现在都已经十二点半了，来点儿三明治和饮料如何？我渴得不行啦。"

大家非常愉快地享用着带来的午餐，尤其是弗格斯，它还是老样子，从慷慨的约翰那里得到了一口接一口的美食。海鸥也俯冲下来，想打探一下是否有多余的面包分给它们。

"这只是大黑背鸥，"珍妮特指着附近一只深色背部的海鸥说，"那里是银鸥和黑头鸥！梅里叔叔，我说得对吗？"

"全都正确。"他微笑着说。海鸥朝着一点儿面包屑猛扑下来，转眼又飞升到空中，当它们试图从第一只啄到面包屑的海鸥那里夺走食物时，还发出奇怪的大笑般的叫声。

饭后，孩子们自己四处溜达，一会儿踩水玩，一会儿背后拖着长长的掌状海带奔跑，一会儿攀上岩石玩。他们看着潮水潭里各种稀奇古怪的生物觉得非常有趣，特别是对这些生物有所了解之后。

约翰说他将一大块面包屑给了一只红色的海葵，全被它吃完了；珍妮特说她费尽力气想要将大量帽贝从岩石上挪动位置，但一只都没能挪动；帕特则说自己从烈日暴晒下的沙滩上拯救了一只快要晒化的水母。

接下来，帕特发现了第一只海星，他把海星捡起来并唤来其他人。大家拿着海星走到梅里叔叔那里。"啊，海星！"他说，"不错，这又是一种奇怪的生物，只有五条腕和一个胃。"

"叔叔，我发现时，它正从沙子里离开，"帕特说，"可它是如何行走的呢？它压根儿就没有脚啊。"

梅里叔叔把海星翻了个身，把它的背面露给孩子们看。"在它腕的背面，从中间的洞里长出数百只微型肉质管足。"他说，"它把这些管足当成吸盘，靠着它们来移动，一组管足接着另一组地伸出来，所以它能轻而易举地拖着自己移动。"

"那它吃什么呢？"珍妮特接着问，她不怎么喜欢海星和那些怪异的"脚"。

"噢，可食用的贝类、小螃蟹，任何它能捕捉到的东西，"梅里叔叔说，"它可是一种贪得无厌的生物。万一不小心，失去了一条腕，它还能再长出一条来。把它放在潮湿的沙子上，我们就能欣赏它离去的步伐啦。"

看着海星在沙子上行走的样子，让人感觉奇趣横生。它走到附近的潮水潭里，帕特看到它正戳着一条缝隙处，想找点儿吃的。帕特还发现了其他东西，他大声喊了起来。

"叔叔！我找到了海刺猬！真的找到了！"

大伙儿都过来看，约翰还把弗格斯一把推开，以防它又要尝试着用嘴去叼起来，就像它一直在陆地上对真刺猬采取的那些举动一样。

展现在他们眼前的生物活像一只小刺猬，全身被尖刺裹得严严实实，梅里叔叔小心翼翼地将它从水塘里取出来。

"这是什么呢？"珍妮特问，心里想着自己怕是永远也不能像梅里叔叔那样拿起这种带刺的东西。

"这是海胆，"梅里叔叔回答道，"帕特叫它海刺猬，那是它的别名。它自然不属于刺猬家族，反倒是跟海星有点儿关系，你们不一定想得到！"

梅里叔叔把这个小生物翻过身来，给孩子们看它的口部和五颗巨大的牙齿。"它就用这些来吃海藻。"梅里叔叔说。

"那它又是如何行走的呢？"珍妮特问。

"它能伸出细小的吸盘状的脚，就跟海星差不多，"

梅里叔叔回答道，"同时它还能靠身上这些棘刺的顶端来行走。想来真是奇怪，这么多奇怪的小生物，过着和我们截然不同的生活，对不对？"

"我十分庆幸自己是人，而不是一只海胆，或是一株海藻、一枚帽贝之类的。"约翰说，"我喜欢寻找和观察这些稀奇古怪的生物，但是我可不想自己也变成其中一员，真的。"

在这以后，大家就再也没有发现什么新鲜事物了。除了一种狭长的贝壳，梅里叔叔说那是竹蛏（chēng），它长得像是古老的剃刀护套；还有珍妮特找到了一些海藻，暗红色的叶片呈手指状，梅里叔叔说那是掌状红皮藻，还说很多人都吃这种海藻，但珍妮特觉得自己不会尝试。

又到了该回家的时间了，孩子们依然觉得伤感。他们认为在海边漫步是一次最佳的散步体验。他们喜欢聆听大海的声音，感受海风的惬意，享受海浪的清凉，还有那些俯拾即是的诸多奇妙生物。甚至连弗格斯都觉得难过，因为它喜爱追逐波浪时，浪花打在沙滩上，弄湿它的小爪子。

"好啦，再美好的故事也难免走到结局，"梅里叔叔说着，牵起约翰的手，"让我们带一些丝带般的海藻回家，怎么样？那里有一种有着流苏般边缘的可爱海藻，它是海带。它能告诉我们天气是潮湿的还是干燥的。你可以把它挂在卧室窗户的外头，珍妮特。"

他们跑去赶火车了，一路聊着海星、水母、螃蟹、对虾、小海虾，还有海胆和海葵。多么美好的一天！

珍妮特把海藻挂了出来，它马上就变得坚挺而干燥。"还会是晴朗的好天气，"她对其他人说，"看看我的海藻呀，我们九月的散步也会是好天气的，毋庸置疑！"

自然小课堂

认识寄居蟹

梅里叔叔让孩子们寻找寄居蟹，没想到弗格斯竟然第一个找到了，孩子们都很惊奇。你见过寄居蟹吗？你了解它吗？

寄居蟹为甲壳纲十足目，身体左右不对称，腹部柔软，呈螺旋形，可以蜷曲在螺壳里，一对螯肢，一大一小。前面一对步足较长，主要用来行走；后面一对步足很小，紧紧抓住螺壳，稳固身体。当遇到危险，寄居蟹会马上缩到壳里，用左侧的螯肢堵住螺口，一对步行足搭在螯肢上面，这样就形成了一个盖子。

螺壳，是寄居蟹的房子。随着身体的成长，寄居蟹要不停地寻找新的螺壳来居住。

海葵和寄居蟹是共生关系，寄居蟹吃剩的小鱼、小虾，正好是海葵的食物。海葵带刺的触须能避开其他动物的攻击，所以它黏在螺壳上，能很好地保护寄居蟹的安全。

九月自然散步

　　整个九月，阳光温煦，时光静好，天空如圆叶风铃草般澄澈蔚蓝，孩子们的脸蛋都晒成了褐色的浆果一般。

9

九月收获季

孩子们说起海边漫步总是滔滔不绝，期盼着在九月份还能再去一次，但是梅里叔叔说这个月在乡间田野实在是有太多东西可看，大家必须去那里走走、看看。

"九月真是非常曼妙的一段时光，"他对孩子们说，"步履匆匆的夏日已经火急火燎地过去了，鸟类和小动物们都已经养育好各自的孩子；植物花开花谢，均已结出自己的种子；世间万物趋于平和，为恬静的秋天和沉寂的冬天做好了准备。"

"我可以去触摸一下我的海藻吗，看看它们是干燥的，还是湿润的？"珍妮特急切地问。梅里叔叔点点头。她跑去摸海藻了，然而遗憾的是，海藻是柔软而潮湿的。

"一旦你的海藻再度变得干燥硬挺时，我们就立马出发。"梅里叔叔承诺道，"你们看啊，第一滴雨水已经落下啦。"

两天后，海藻变得硬挺、干燥而易碎。"天马上就会放晴啦，"珍妮特喜出望外地说，"我们去告诉梅里叔叔吧。"

梅里叔叔当天离家在外，但第二天他就告知孩子们可以带他们出行。于是，一如往常，弗格斯在脚边跟着，大家一起出发了，走到小路尽头，再穿过田野。

现在正是收获的季节，玉米田向四面八方铺展成一片金色的海洋，收割者们已经开始劳作了。在一些田地里，玉米已经收割完了。

"丰收的季节！"梅里叔叔说，"不只是玉米田里的丰收季，在篱笆那里黑莓果子也正在成熟，在矮树丛中很快就有榛子可以采摘，在小路和草甸上能找到数千种各式各样的浆果。这真是一年中神奇的时光。"

同样也能看到许多"新"花在盛开。娇美的蓝色圆叶风铃草零零星星散布田间，在微风中晃动着它那蓝色的"风铃"，附近还长着珍妮特所说的"小小的黄色金鱼草"。

"这的确是有点儿像。"梅里叔叔说，"它叫柳穿鱼[1]，是不是很漂亮啊？珍妮特，摘下一小束带回家吧，把它和一些圆叶风铃草一起放在小花瓶里看起来会很可爱的。"

虞美人依然到处在舞动，摇晃着它们那鲜红色的丝质花瓣。田野里还生长着一种漂亮的淡紫色花，有着柔软的针垫状的头状花序。

约翰第一个发现了它。"这是什么花？"他问，"我从来没见过它。"

"魔噬花。"梅里叔叔回答道，"在这片田野上长了好多这种花。带一束回家吧，它们能在水中存活很久。"

"这儿有种植物像是迷你的蒲公英。"帕特说着，带来一朵小巧的黄色花朵给梅里叔叔看。它的茎很长，让它显得很修长。

"这是多肋稻槎（chá）菜，"梅里叔叔说，"你认为它属于蒲公英家族这个想法没错，帕特，它的确是。那儿又有同一家族的另一个成员，就在你脚边的是黄色的狮牙苣。"

约翰发现猪殃殃的种子已经成熟，它们已经成为绿

---

① 学名欧洲柳穿鱼。

色的小圆球，无论扔到什么人身上都会紧紧地黏住。约翰花了好大的工夫收集它们，并把这些小圆球扔到同伴身上。

而当他低头瞧自己的短裤时，竟然发现那儿也遍布着小绿球！但没有人把这些球往自己身上扔啊，原来是这植物自己黏上去的——正是在约翰忙于在堤岸上四处攀爬、收集小圆球用来扔向其他人身上的时候。

"就连弗格斯也满身都是，"约翰惊讶地说，"噢，梅里叔叔，就连小狗都被它用来传播种子，这猪殃殃的确是聪明绝顶，对不对？"

珍妮特发现了一朵鲜艳的蓝色花，她非常喜欢，便拿给梅里叔叔看。叔叔从珍妮特手里接过那粗糙的叶柄，上头生长着如九月天空般湛蓝的花。

"如果八月份时，我们没有去海边而是来这里散步的话，应该都会见到眼前这些花和这次散步时看到的其他一些花。"他说，"珍妮特，这是菊苣，是一种在这儿十分常见的花，也是一种非常漂亮的花。"

"我们好像还在不断地发现新的花，即便现在已经越来越接近一年的尾声。"珍妮特说，"梅里叔叔，那我们是不是还将继续寻找一直到圣诞节呢？"

他摇了摇头："不，本月过后，就没多少'新'花可找了，所以充分利用好九月的散步吧。珍妮特，看，那儿出现了第一株成熟的黑莓，你能帮忙摘下来吗？"

珍妮特采下了那株成熟、多汁的浆果，想送给梅里叔叔，他摇摇头："不用，你留着吧，等你靠自己找到一株后再送给我吧！"

黑莓真是可口美味。在穿越树林时，约翰找到了一些红色的野生草莓，他摘下来与大家分享。它们虽小，但却非常甜美多汁。

"这才是美好的散步嘛，"约翰说，"我就喜欢途中能找到食物的散步。"

"汪汪！"弗格斯吼叫着表示同意，期待着自己也能找到点儿能吃的东西。

"有一两棵树已经开始变换颜色了呢，"珍妮特略带伤感地说，"每当我第一眼看到这情景时，总是会感到莫名的忧伤。虽然我喜欢秋天树叶鲜艳明亮的色泽，但实在是不舍得就这样跟美妙的夏天说再见。"

"没事，冬天也很美好啊，晶莹闪耀的白雪，壁炉里熊熊燃烧的火焰，还能在温暖的室内尽情嬉戏。"梅里叔叔说，"哎呀，天哪，快看那只硕大的蜻蜓！"

一只巨大的昆虫从他们身边掠过并飞走了，但一转眼又飞了回来，它的翅膀在九月阳光的照耀下闪闪发光，而它的躯干部分呈美丽的绿蓝色。

当它飞来时，珍妮特低头躲闪。

"它会叮我吗？"珍妮特惊呼。

"怎么可能！"梅里叔叔说，"蜻蜓根本就没法叮人，因为它根本就不具备针刺或类似的玩意儿。"

这只大蜻蜓飞到一片宽大的树叶上歇歇脚。孩子们蹑手蹑脚地靠近，屏住呼吸。这真是一只明艳动人的小生物。孩子们在它的头部前方看到了它那巨大的眼睛，也对它精致的翅膀与躯干部分赞不绝口。

"它就像一架飞机。"当这只大昆虫飞走时，约翰说，"噢，看呀，另一只也飞过来了，这次是一只青铜色的！"

"这个月里，你们能见到许多蜻蜓。"梅里叔叔说。

"那什么样的毛毛虫会长成蜻蜓呢？"帕特问道，"我们以前找到过蜻蜓毛毛虫吗？"

"要寻找蜻蜓幼虫的话，那你应该在池塘里找找看。"梅里叔叔说着，哈哈大笑。

孩子们满脸惊讶地看着他。

"为什么呢，梅里叔叔？"约翰问，"难道是因为蜻蜓也像飞蚊一样，起先是水生幼虫，之后才是空中生物吗？"

"没错，"梅里叔叔说，"它躺在池塘底部，是一种移动缓慢却贪婪的生物，时刻准备着露出它那钳子般的口器，捕捉那些不设防的蝌蚪或其他胆敢接近它的水生昆虫。当它长期休眠时，不会像大部分昆虫那样经历虫蛹阶段。它以一副丑陋的形象在池塘里生活着，直到那神奇的变态时期来临。如果我们有幸目睹的话，约翰，正如你之前常说的那句话，这事如魔法般神奇！"

"究竟会发生什么事呢？"约翰焦急地问道。

"蜻蜓幼虫会攀上一株水生植物的茎，在那上面休眠一阵子，离水而居。"梅里叔叔说，"然后，它的皮肤会裂开，而从这个破碎的躯壳里脱身而出的，却是一种与生活在泥巴里的'丑宝宝'幼虫截然不同的生物。那是一种优雅而灿烂夺目的生物，拥有闪亮的躯干和翅膀，它就是蜻蜓。"

"你看吧，叔叔，这的确是像魔法一般神奇，对不对？"约翰诚恳地说，"噢，多希望能看到这个变态的过程啊！"

"如果明年有机会的话，你们一定得静悄悄地走到池塘这边来，过来碰碰运气，看是不是能见证这种约翰所说的魔法般的神奇时刻。"梅里叔叔说，"啊，从那边飞过来一只蜻蜓，正在寻找食物当午餐呢。它会非常机灵地抓住昆虫的翅膀，也会同样灵巧地吞了它们。"

10

珍妮特变得博学多识了

孩子们继续前行，能看见美丽的蜻蜓，同时还能听到有关它们那些奇怪的故事，这让他们高兴极了。于是在行走的过程中，他们都瞪圆了眼睛，因为自从他们上一次在七月份的散步后，乡野田间似乎发生了巨大的改变。

他们来到一片松树林里，十分惊奇而愉悦地驻足停留。在他们视野所及的范围内，绵延在林间空地上的是一大片玫瑰粉色，在九月艳阳下摇曳生辉。

"那一大片粉色的是什么花？"珍妮特问道，"噢，它们挨挨挤挤地凑到一起的样子是不是好可爱啊？叔叔，这是什么花呢？"

"这是柳兰。"梅里叔叔回答道，"我很高兴你们能看到这种花成片生长着，因为这是正确地发现它们的方式哦，是不是很可爱啊？让我们走近些再仔细看看。"

他们来到这片高大的粉色花旁边。"我知道它为什么叫柳兰了，"约翰折下一枝花说，"因为它的叶子很像柳树叶，花朵像兰花。我说得对吗，叔叔？"

"你说得很对。"梅里叔叔说，"不久我们就将寻找柳兰的种子，有一部分种子现在已经成型了，但尚未成熟。种荚裂开，等风来将微小的卵形种子带走，每一粒种子都长有一簇精致的丝质茸毛用来远飞。"

柳兰长得和约翰一样高，弗格斯在这片耀眼的花丛中缓慢前行时，完全迷失了方向。

"它的别名叫火烧兰，"梅里叔叔说，"它长得真是迷人，对不对？我们可得把这幅画面印刻进脑海中，同样值得珍藏的还有我们在春天看见的那一大片闪着微光的蓝铃花、毛茛编织的金色地毯、山坡上翩翩起舞的黄花九轮草，以及成熟麦田里的风吹麦浪。"

"是的，我们会的。"珍妮特将这片柳兰美景尽收眼底并深藏于心中，"到冬天时，我一定会经常想起并深深怀念这些情景。"

他们穿越树林，来到一处阳光灿烂的山坡。大家坐下休憩片刻，珍妮特又轻轻地尖叫了一声，她赶紧偷瞄了一眼梅里叔叔。"我那是喜悦的尖叫，不是害怕。"她解释道，"一只沫蝉刚刚跳到我手上又跳开了，我见到它觉得很开心，它真的完全像只小青蛙，叔叔，但是要坚硬一些。"

另一只沫蝉跳到约翰的膝头并蹲下来，阳光下一身褐色。约翰小心翼翼地伸出手指去触碰它，沫蝉马上一跃而起，踪迹全无。

"我们曾见过它从布谷鸟泡沫里开始的故事，对不对？"帕特说，"现在，它的故事已经快接近尾声了。叔叔，我觉得昆虫的成长经历实在是趣味盎然。噢，看那里好大一只反吐丽蝇！它长得蓝莹莹的，发出的噪声也好大，是不是？"

反吐丽蝇在周围发出嗡嗡声，吵得大伙儿都心烦意乱。"它是害虫。"梅里叔叔说，试着去抓住它，"家蝇也同样是害虫。我们必须时刻注意把这两种东西都除掉，它们无论飞去哪儿都会带去疾病和污秽。"

"我猜想，它们也是从一个卵开始、孵出成为幼虫，休眠一段时间后变身为长翅膀的飞虫。"珍妮特说，这会儿她已经懂得不少知识了。

梅里叔叔冲着珍妮特会心地点头。"你真的变得博学多识了呢！"他说，"没错，家蝇和反吐丽蝇一样，都有着同类型的成长史。反吐丽蝇自然是喜欢在肉上面产卵，当幼虫孵出时，就会把肉变得腐烂并使其散发出恶臭。"

"我觉得家蝇非常惹人厌。"珍妮特说，"有一次，我在户外花园里用茶点时，特地观察过它们。一开始，它飞到我的面包和黄油上；接着飞到垃圾桶，在桶盖下爬行继而消失在里头；又过了一会儿，它从桶里飞出来又飞到果酱上面；然后是降落到花坛的肥料粪堆那里，大摇大摆地在那儿全面接触了一下；最终还是飞回到我的面包和黄油上。可想而知，这一大圈逛下来，它的脚该有多脏啊！"

"没错，"梅里叔叔说，"这些苍蝇就是用它们的脚来传播疾病的，因此我们务必竭尽全力阻止它们繁衍后代。啊，我抓住这只反吐丽蝇了，让我来给它的'蝇'生画上句号！"

然而它并没有束手就擒，它从叔叔合拢的手掌心中逃脱，再一次发出恼人的嗡嗡声。弗格斯对它恨之入骨，竖起耳朵，耐心等待着。反吐丽蝇哼着小调飞近小狗，弗格斯猛地扑咬上去，这下才总算真正结束了它的"蝇"生。

"噢，这狗狗真的很棒，是不是？"约翰说，"弗格斯，你真是太机敏了！"

弗格斯看了看约翰，表示自己深有同感。它舔了舔男孩的膝盖，然后跑开去寻找兔子了。

"布谷鸟这会儿已经飞走了，是吗？"珍妮特说，"叔叔，那雨燕是不是也走了呢？今天我没有在空中发现它们。"

"即便是尚未启程，它们也即将离我们而去了。"梅里叔叔一边说着，一边躺了下来并仰望着蓝天，"黑顶林莺和夜莺也将要离开，要对它们说再见终究是件悲伤的事，但它们来年都会返回的。"

"鸟类是如何知道去遥远异域他乡的路线的呢？"帕特问，"我猜是不是由年长的鸟儿记住路线再传授给年轻的鸟儿们。"

"并非如此。"梅里叔叔说，"老一辈和新一代的鸟儿既不在同一群落也不在同一时间飞行。以年轻的布谷鸟为例，它们尚未离开，但它们的家长已经飞走了。关于鸟类识途这件事，确实是一个谜。也许是大风帮助了它们，秋天时从身后将它们吹往正确的方向；等到了春天，就又往反方向把它们吹了回来。"

"我觉得这又是一种神奇的魔法。"约翰嘴里嚼着一根青草茎说，"我不可能知道从天空中飞翔到南非的路线，所以一定得有某种魔法咒语来帮助我！"

"好嘞，那让我们瞧瞧你在没有任何魔咒的帮助下，今天是否认得回家的路。"梅里叔叔大笑着说，"我们该走了，约翰，大步跟上吧，否则你就得独自一人迁徙回家喽！"

大家一块儿往回走，弗格斯尾随其后，它的鼻子由于嗅探兔子洞弄得满是泥沙。

"我在琢磨，我们下一次的散步将会在清晨。"梅里叔叔说，"我们将去采摘一些蘑菇，怎么样？我知道在什么地方能找到很多蘑菇。"

"噢，梅里叔叔，没问题，我们一起去！"帕特说，其他人也都欢乐地蹦跳起来，"我喜欢很早出门。几点钟出门？六点行吗？"

"好的，"梅里叔叔说，"那将是一件美妙的事情，对不对？我们在一天中的各种时段都出去散过步，唯独没有在清晨去过。我们将会看看那时候的世界是什么样子的！我希望到了那天，你们都能醒得来哦！"

"放心吧，没问题！"约翰说，"我才不会为了什么事而错过这么早的散步呢！"

自然小课堂

迁徙

秋天来了，鸟儿们陆续飞走，梅里叔叔和孩子们讨论着鸟儿迁徙的话题。那么，迁徙究竟是一种怎样的行为呢？它为何如此神奇？

每年春、秋两季，随着季节变化，候鸟会沿着固定的路线，往返于繁殖地和避寒地之间。其实，在自然界，不只鸟类具有迁徙行为，好多动物都要进行一次朝圣之旅，才能生存下来。可以说，迁徙是自然界绝大多数动物固有的习性。

迁徙，是动物由于繁殖、觅食、气候变化等原因，离开原来熟悉的栖息地，成群结队，经过长距离运动，迁移到另外一处适宜繁衍生存的地方。对哺乳动物来说，它们的迁徙就是完成一次远方旅行，被人们称为"迁移"；鱼儿的迁徙是游向远方，叫作"洄游"；昆虫的迁徙则是飞向他乡，称为"迁飞"。不管是在天空中翱翔，在海里遨游，还是雄赳赳地横越大地，对大部分动物而言，为了生存而进行的迁徙，目的只有一个，那就是繁殖后代。

面对险恶的环境、天敌的追杀、伤病的折磨等外在因素，迁徙中的动物都会朝着目的地，勇往直前。在这场规模浩大的旅途中，各种生灵表现出的坚韧、欢愉，令人叹服。

1914 年，地球上最后一只候鸽的死亡，给人类敲响警钟。人类活动对动物的生存环境正造成严重的影响。裸露的高压线、大面积砍伐森林等现象，使迁徙中的动物不再感到快乐。所以，要开展生态文明建设，实现人与自然和谐发展。

11

清晨的散步

    清晨时分的散步被安排在九月的最后一周。整个九月，阳光温煦，时光静好，天空如圆叶风铃草般澄澈蔚蓝，孩子们的脸蛋都晒成了褐色的浆果一般。

    这天清晨，弗格斯跑到孩子们的窗户底下叫唤，想叫醒他们。约翰醒来冲到窗口，梅里叔叔正拎着个篮子站在下面。

    "瞌睡虫们！"梅里叔叔低声说，"快点儿下楼来，不然可就恕不奉陪啦！"

    仅仅过了四分钟，孩子们一个不落地冲下楼，跟着梅里叔叔和弗格斯走上了小路。他们手里也都拎着篮子，满心期待着能将满篮的蘑菇带回家给妈妈。如果他们能带回蘑菇的话，妈妈答应会拿这个当食材给他们做早餐。

"噢，这真是个美丽的早晨，"珍妮特感叹道，她追上梅里叔叔，勾上了他的手臂，"叔叔，天空没有一片云彩，也没有一丝微风，太阳是不是看起来很低啊？"

"谁说不是呢，太阳几乎还没升起来呢！"梅里叔叔说，"注意看，此刻树木的影子有多长，跟晚上的差不多长了，不过当然啦，现在的影子朝着与夜里相反的方向。"

草丛上，露水正浓。如果不是梅里叔叔早已提醒过孩子们穿上长统胶靴，他们的脚早就湿透了。随着太阳逐渐升起，田野上的露水闪烁着微光，整片整片都银光闪闪的。珍妮特伫立其间，环顾四周，又一幅美妙的画卷珍藏进了她的记忆里。

此时的树木正在迅速地变换颜色，有一部分已经十分美丽。七叶树换上了金黄色和赤褐色的外衣，榆树已换上一树黄叶，椴树和榛树也纷纷呈现出明亮的金黄色泽。在堤岸上，汉荭鱼腥草那鲜艳的深红色叶片零零星星点缀其间；在篱笆上，黑莓灌木的叶子隐约闪烁着红黄两色的微光，十分显眼。

"这儿有一朵有趣的花！"约翰突然说，"看，叔叔，看起来像是一些毛毛虫把它的花瓣全都吃掉了，只剩下中间的一点点。"

大家全都注视着这朵花，也都一下子明白了约翰说的是什么意思，这花就像是一朵大雏菊的中心部分，而周围一圈一片花瓣都不剩。

　　梅里叔叔捧腹大笑。"那是菊蒿，约翰，"他说，"并不是像你所想的那样，它失去了自己所有的花瓣，它的花其实就是你眼前的这些黄色芽苞，这有点儿奇怪，对不对？"

　　"这儿还有另一种黄色的花。"珍妮特说，指向一株高大、强壮的植物，其顶端长有黄色雏菊般的花。

　　"草甸千里光，"梅里叔叔说，"农民非常不喜欢这种杂草，它既粗糙又强韧，很难斩草除根。"

　　这个清晨，所有野花在初升朝阳的映照下都显得特别漂亮。圆叶风铃草丝线般的花茎上摇晃着蓝色的花朵，黄色的柳穿鱼在堤岸上隐约闪烁，淡紫色田野孀（shuāng）草的花朵也在叶柄上微微点头，红色的虞美人则在路边闪耀着光芒。

　　"在这样一个清晨，整个世界看起来纤尘不染，焕然一新，碧空如洗。"珍妮特说。

　　"是的，大清早的乡间的确让人感觉清新而纯净。"梅里叔叔说，"瞧，那边的山坡上有数十只兔子。快给我回来，弗格斯！让我们先好好观赏一会儿。"

看着兔子们玩耍、蹦跳时晃着那白色的短尾巴，真是有趣极了。像往常一样，兔子们在清晨时分总是能充分享受这欢乐时光。不一会儿，弗格斯就忍不住了，猛地从梅里叔叔的箍带里挣脱出来，疾速冲向兔子们。一眨眼的时间，地面上就什么也看不见了，只留下白色的短尾巴消失在洞口。

"叔叔，"约翰说，大家正在继续前行，"您看见到处挂着的这种泛着银光的丝线了吗？这是什么呢？在我走路的时候，它们总是黏到我的脸上，就像是非常非常纤细的蜘蛛丝。"

"我正想知道要到何时才会有人跟我讲讲这些美丽的蛛丝呢。"梅里叔叔说，"今天早晨，它们遍布整个乡村。孩子们，环顾四周仔细看看吧。你们发现遍布整个田野那成百上千根闪耀着的银线了吗？"

"看见了。"珍妮特说着，怔怔地站在原地。她看见了一缕缕明晃晃的丝质线条分别从地面、附近的篱笆、灌木丛和树丛伸展至空中，闪着梦幻般的银光。

"叔叔，这究竟是什么？"约翰又问了一次，"这真的是蜘蛛吐出的丝吗？"

"没错啊，"梅里叔叔说，"这可不就是蜘蛛丝嘛！这些是年幼的蜘蛛吐出的蛛丝，它们正想要离开家去田野

上四处探险呢！"

"它们是怎么做到的呢？"珍妮特问，她抓住一条长线，体会着它黏在手指上的感觉。

"好啦，你们都知道蜘蛛能吐出丝质的线条，是吗？"梅里叔叔说，"它们从身体底部的一个小部位吐出蛛丝，那个部位就叫吐丝器。小蜘蛛们吐出很长的线，悬在空中，它们继续吐丝使蛛丝变得越来越长。接着，当蛛丝的长度足以承受蜘蛛的重量并将它们带向远方时，它们就会松开原本停留的树叶或叶柄，任自己随丝线摇荡在空中，再通过吐出的一条条丝线游荡远行。"

在这个温暖晴朗的清晨，孩子们凝视着数百根蜘蛛丝在田野里到处闪耀。这些蛛丝属于那些想要出门探险的小蜘蛛，它们吐出的一缕缕长长的丝线在微微清风中交织，牵动着小蜘蛛们如微型降落伞般前行！

"我也想做这样的事情，"约翰说，"我真的想。吐出长长的丝，然后从这蛛丝的末端把自己弹射到空中，飞往自己都不知道的目的地，这一定很有趣，真是美妙！"

他们继续着旅程，蛛丝时不时地轻抚过他们的脸庞和腿脚。帕特指着一只笨拙地飞越田野的大飞虫。

"这是只大蚊，"帕特说，"它们现在又出来活动了。叔叔，看呀，那儿还有更多。"

"没错，"梅里叔叔说，"它们可是农民的天敌。去抓一只大蚊，我们好好地看一眼它。"

要抓住这种沉重、飞行缓慢且长着大长腿的生物挺容易的，梅里叔叔很快就抓了两只来给孩子们看。

"你们看见这只了吗？"他说，"看看它身体较平钝的一端，这意味着它是只雄性的大蚊而不是雌性的！雌蚊的身体尾部有一个尖尖。看呀，你们看到另一只的身体有尖头吗？这就是雌蚊，它会在田野上产卵。"

"它为什么会有尖端呢？"珍妮特问，她现在知道"凡事都有原因"这个道理，也想了解其中的原因。

"这种形态是为了帮助它产卵，"梅里叔叔回答道，"它需要尖端来刺入地面，它会用身体在地上挖个洞然后产下自己的卵。这些卵日后将孵出丑陋的灰色幼虫——小名皮夹克，我们时常能看到它们蜷曲在土壤里。之后，等它们经历了休眠期，就会把自己抬高到地表之上，从它们那褐色的躯壳里爬出来。然后，我们就会经常看到它们从土壤里探出来并成为真正的大蚊飞走。"

"那为什么它们会是农民的天敌呢？"珍妮特问。

"因为幼虫会啃噬农民种的庄稼根部，"梅里叔叔说，

"它们造成的破坏可大啦。"

自然小课堂

凝视自然美景

珍妮特醉心于九月清晨的美丽景色，她静静地凝视着，内心充满愉悦。事实上，大自然具有很强的治愈力。用心感受你所能听到和看到的一切。哪怕你身处困境中，当你久久地凝视着眼前的自然风景，倾听周围各种来自大自然的声音，你都能感受到自然带给你的快乐。你的心情会变得喜悦起来，身体上的不适也会渐渐消除。

需要注意的是，你要留意你是如何并从何时开始变得专注，感受到身边的一切都是生机勃勃的。然后，再观察你是如何并从何时开始分心，感觉周围的自然世界逐渐消失的。继续观察你的变化，看你在何时能做到完全专注，又从何时开始分神。

漫步时，你可以将自己和周围的事物融为一体，想象你随着树木一同向天空伸展，你的内心也像微风吹起树叶一样，轻轻荡漾。或者，你可以将自己想象成一只鸟，在树枝间飞来飞去。通过这种畅想，大自然会带给你美好的心情。

12

采一篮蘑菇带回家

　　弗格斯叫了一声，它在众人前方不远处，等得实在
是有点儿不耐烦了。帕特笑了起来。"我们来了，弗格
斯！"他说，"快点儿走呀，大家快到蘑菇地里来。"

　　他们很快就来到了梅里叔叔所说的能找到蘑菇的地
方，约翰惊喜地尖叫起来："我看见一朵蘑菇了！"

　　他冲到一朵奶白色的菌菇前并把它摘了下来，拿给
梅里叔叔看。"没错，这是蘑菇，"叔叔说，"闻闻看，它
有着典型的蘑菇味儿。看看它那粉色菌褶下面，是不是
很漂亮呀？去扯一下它的外皮，看看它是如何剥落的。
没错，约翰，你找到了一朵非常漂亮的蘑菇。现在，看
看谁能找到下一种？"

　　没过多久，每个人的篮子里都装上了蘑菇。穿梭在

露水浸湿的草丛中，搜寻这些奶白色的小根株和丝缎般的菌褶组合而成的蘑菇，真是令人愉悦。

"蘑菇长得非常快，是不是？"珍妮特说，"它们不需要像绿色植物那样经历长年累月的成长，几乎只需要一夜时间就能长大。叔叔，对吗？"

"它们是种很奇怪的小东西，"梅里叔叔说道，"我觉得约翰又会说其中有魔法般的奇迹，才使得它们成长得如此神速。"

约翰忙着去不远处寻找着什么东西，只见他眼里闪烁着光芒。他招呼着其他人过来。

"这儿有种神奇的东西！"他激动不已地说，然后指向下方的地面，"一个仙女环，看看吧，这一定是昨晚小仙女们跳舞的地方！"

大家都低头看着地面，那儿深绿色的草形成了一个圆环。梅里叔叔哈哈大笑。"没错，"他说，"看起来的确像是曾有小仙女在这里跳过舞，舞步踏过的地方就形成了这样一圈颜色更深一些的绿色圆环！"

帕特才不相信所谓的小仙女。"究竟是什么形成了这样一个深绿色的草圆环呢？"他满脸好奇地问，"一定是有什么原因的，叔叔，我之前也曾见过这样的深色草圆环。"

"好吧，造成这种圆环的东西，跟我们的蘑菇还有点儿亲戚关系呢，是一种名叫硬柄小皮伞的真菌，别名仙环上皮伞。"叔叔说，"首先，一颗孢子被吹到这里，它是伞菌的孢子。它一夜之间成长为伞菌，接下来自己的孢子就成熟了，往周围呈圆环状散发出去。接下来，第一朵伞菌生命消亡后倒下了。"

"然后所有的孢子都长出新的伞菌来了。"约翰紧接着说。

"是的。"梅里叔叔说，"它们都像这样轮流散发出自己的孢子，接着倒下。没有伞菌能在原先老伞菌生长的地方长出来，所以新一批的伞菌就会生长在更宽大一点儿的圆环上。而在圆环中间，第一批伞菌生长的地方就变得空荡荡的。然后这些新的伞菌继续抛出去下一轮的孢子，自己同样消亡。仍然没有孢子会在圆环内生长，于是新的圆环再一次变大了一圈。"

"但是为何这些青草会长得如此颜色暗沉和丰美呢？"珍妮特问道。

"因为凋亡的伞菌滋养了草地，使其根部肥沃。"梅里叔叔说，"只要是伞菌曾经生长过的地方，青草都会长得格外茂盛，颜色也会更深一些。当然啦，那些深绿色的草会长成圆环形的，也因为原先伞菌就是持续不断地以圆环形状分布生长的。这就是这些深绿色草织成的仙女环的产生原理啦。"

"我是无论如何都想不到这些原因的。"约翰说着，内心有点儿小遗憾，因为这仙女环背后其实并没有所谓的魔法。

"这正是一年中寻找各种菌菇的最佳时段。"梅里叔叔说，"你们不仅能找着蘑菇和伞菌，还能看见大大的网纹马勃，你踢上它一脚就会分解成细粉状；还能在树林里看见毒蝇伞以及很多很多其他的菌菇。有些很漂亮，有些很丑陋；有些很难闻，有的可以食用，而有的则是有毒的。菌菇家族是非常有趣的一个群体。"

"叔叔，我的篮子已经满了，"帕特说，"您的也一样。我感觉饥肠辘辘的，到回家吃早饭的时间了吗？"

梅里叔叔看了一下自己的手表。"是的，"他说，"我们最好立即动身回家。大家似乎都找到了足够多很不错的蘑菇，可以用来烹制早餐了。把它们与培根配在一起煎炒一下，我们就能好好享受一顿大餐啦！"

在回家的路上，他们还发现了一朵不寻常的花，在大家的头顶上方长得很高。这可真是一株浑身带刺的植物，叶子、茎柄甚至花头全都被棘刺和芒刺保护着。

"这是什么花呢？"珍妮特惊奇地问，"它长得好高

啊，叔叔，它甚至比您还高呢，是不是？长着淡紫色的花，但它并不是蓟（jì）花，对吧？"

"不是，"梅里叔叔说，"这是起绒草，是一种非常可爱的装饰用植物，长着宽大的叶子、强壮的长刺毛的花头，还有长长的苞片保护着花。"

"叔叔，快看，叶片绕着茎一圈的地方，收集了很多水。"约翰说。其他人都看过去，看见了叶子绕着茎似乎形成了一个水盆，水就积在这个盆里。

"这形成了某种护城河状的构造。"梅里叔叔说，"起绒草不希望任何种类的小昆虫爬上它的花头，于是它的叶子绕着叶茎生长，就是为了留住雨水。昆虫无法越过这道'护城河'，会淹死在水里。"

"没错，我现在就能在那水里看到一些昆虫的尸体。"珍妮特说，"好吧，说真的，叔叔，我始终认为植物非常聪明！"

"我猜想，起绒草身上那些芒刺也是保护自己免于被动物吃掉而长出来的吧。"约翰说，"就像冬青树的芒刺一样。"

"是的，"梅里叔叔说，"很遗憾我身上没有带小刀。否则我可以割下一些粗壮的起绒草的花头给你们的妈妈。把它们插在长花瓶里会很美。"

"汪汪。"弗格斯悲鸣道，完全无法理解为什么它的四位伙伴会对这样一株植物大惊小怪，这东西甚至比刺猬还要多刺，"汪汪。"

"它说它想吃早餐了。"珍妮特说道，"叔叔，谢谢您带我们这么早出门，这是一次美妙的旅程，我们仍然同往常一样，发现了许多有趣的花和其他生物！"

"很好！"梅里叔叔说，"希望你们能好好享用早餐。这次散步我也乐在其中。啊，炒蘑菇，真美味！"

自然小课堂

野蘑菇可以采食吗？

梅里叔叔告诉孩子们，树林里的蘑菇，有的可以食用，而有的则是有毒的。如果你看到野生的蘑菇，会去采食吗？

在野外，野生蘑菇随处可见，毒蘑菇往往和可食用的蘑菇混生在一起，即便是专业人士，仅从外观上看，也很难分辨野生蘑菇和可食用蘑菇。我国可食用的蘑菇有1000多种，不过，毒蘑菇有近500种，很多野生蘑菇含有致命毒素。因误食野蘑菇发生的中毒甚至死亡的案例时常发生。我国民间流传着许多识别毒蘑菇的方法，而这些方法大多存在误区，不可轻信。目前，还没有鉴别野生蘑菇的简易的科学方法，所以大家最好不要随便采食野生蘑菇。

自然野趣 DIY

约翰用树叶和复写纸已经练习得日趋熟练，没过多长时间，他就已经能拓印出一点儿都不模糊的完美图案了。

你是不是有些心动了，也想做树叶拓印？那就尝试一下吧！也许你做得比约翰更好呢！

约翰的树叶拓印

一天，约翰捡回来一大堆形形色色的树叶，拿过来给梅里叔叔看。

"梅里叔叔，树叶有着各不相同的形状，是吗？"他说，"而且它们都好可爱，我希望自己也能拥有一张树叶图表。"

"我会教你如何制作树叶拓印，"梅里叔叔说，"这不仅很简单，而且非常引人入胜。我会给你一本树叶拓印的本子，这样你就可以把各种形状的树叶收集在里头。"

"好啊，一定要教教我怎样做树叶拓印。"约翰说，他认为梅里叔叔是自己所认识的人里面最有魅力的，他好像懂得无数有趣的事情。

"好吧，把树叶印染到本子里之前，你必须做一个小练习，先得学会获取完好的拓印图案。"梅里叔叔说，"那么接下来，我的复写纸在哪儿呢？"

梅里叔叔找到了自己的复写纸并撕下一页给约翰。我想你们都应该清楚什么是复写纸吧，是不是？那是一种薄薄的蓝色或黑色的纸张，将它放在两张普通纸张之间，当你在上层那张纸书写或绘画时，下层的纸上会留下一模一样的文字、图案或痕迹。

梅里叔叔在约翰面前放上一张蓝色的薄板，接着从约翰带给他的一堆树叶里挑出一片来。这是一片厚实的旱金莲树叶，不算很嫩。

梅里叔叔将叶柄沿着尽量靠近叶片的部分掐断，将主叶脉一面朝下放置在黑色的复写纸上方。接着，他将一张普通的白色薄纸紧紧地放在旱金莲树叶上，用左手紧紧按住白纸，右手开始结结实实地透过白纸揉按树叶。

"仔细看我是怎么揉按这些树叶的，"他对约翰说，"还要看清楚我是如何牢牢固定住这张白纸的位置的。注意看，我用力地揉按叶脉、叶缘以及叶片的各个角落。"

"您这么做是为什么呢？"约翰惊讶地问道。

"我想要使叶片完全覆盖上一层复写纸的黑色染料。"梅里叔叔说，"让我们看一眼进度如何了，行吗？"

他将白纸揭起来并拿起树叶，贴着复写纸的那一面已经被复写纸的油墨染黑。

"我认为还需要再加工一下。"梅里叔叔说。他将树叶重新放回到复写纸上，再把白纸重新覆盖上去，开始再度缓缓用力揉按。"如果揉按得太粗暴的话，会将树叶揉碎的。"他说。

再度揉按之后，树叶已经准备好呈现给约翰一个美丽的拓印图案了。梅里叔叔让他知道了，树叶拓印是多么容易的一件事。

随后，他翻开约翰的树叶拓印本，小本子里都是干净而纯白的未印线条的纸页。他小心翼翼地把树叶放在第一页上，被染黑的一面接触纸张。他再拿出一页白纸轻轻地覆盖上去，仍然用左手五指将纸张与本子牢牢按住。

"约翰，这是关键的步骤。"他说，"我们绝对不能让树叶移动分毫，不然我们就会得到一个粗糙、模糊的图案，完全就没用了。注意看我。"

约翰仔细观察着，梅里叔叔和之前的操作手法一样，用力却也缓和地透过白纸揉按着树叶，揉按着叶片的各个部位——中间、叶脉、叶缘。他挤压并揉按着，循环往复。

"我认为树叶这会儿应该已经给我们留下了一个美丽的图案，为我们展示着它的形状、叶脉和它那圆形的叶缘。"他说着，将白纸掀起，极为小心地将压平的旱金莲树叶取走。

约翰爆发出一声愉快的尖叫，因为他本子的白色页面上出现了一幅美丽的拓印图案，那是旱金莲叶子的形状，即便是最细微的叶脉也显露得一清二楚。梅里叔叔制作得十分出色，轮廓清晰而且没有一丝一毫的模糊图案，因为在揉按时树叶纹丝未动。

　　"梅里叔叔，这实在是太精美了！"约翰说，"我现在就想做一个！"

　　"想做多少做多少，"梅里叔叔大笑起来，"但要记住几个窍门。首先，记住要挑选老一点儿或坚硬一些的树叶，因为它们能给你效果更佳的拓印图案。在初学阶段记得选取构造简单的树叶，而不是复杂的。另外，还要记住，有些树叶，如冬青树叶是完全不可能选用的，因为你根本不可能把它铺平。总之，这些事你都会通过不断练习熟能生巧、手到擒来的。"

　　"我先不在本子上做拓印，万一我揉按时树叶滑脱了呢。"约翰说着，挑了一片厚实而宽大的钻果大蒜芥的叶子准备下手操练起来，"开始在本子上拓印之前我会做大量练习的，我的树叶拓印本一定会是完美的。"

　　"好主意！"梅里叔叔说，"当你在本子上做好六个树叶拓印后给我看看，我会告诉你我的评价和看法！"

　　约翰用树叶和复写纸已经练习得日趋熟练，没过多长时间，他就已经能拓印出一点儿都不模糊的完美图案了。

你是不是有些心动了，也想做树叶拓印？那就尝试一下吧！也许你做得比约翰更好呢！

自然小课堂

叶子拓印

约翰用复写纸制作树叶拓印，记录叶脉的模样。这种方法不用颜料，只要准备好树叶、复写纸和白纸就可以操作，非常方便。其实，还有很多种方法可以做叶子拓印呢，像水彩或丙烯颜料、铅笔、蜡笔，都可以用于做拓印。

叶子拓印的原理是将叶子的形状和叶脉清晰地显现出来。挑选叶子的时候，最好选择叶脉突出的叶子。叶脉纹理越深，拓印的效果越好。

选好叶子，再根据要拓印在哪里来选择材料。如果是拓印在纸上，那么水彩、丙烯颜料、铅笔、蜡笔都可以；如果是要拓印在衣服或帆布包上，那么就要选择丙烯颜料。等制作完成叶子拓印后，可以在旁边记录下采集的信息，比如，是什么植物的叶子，采摘自哪里等。这样，就做好了一份美丽又可以辨识的自然笔记。

在纸上拓印

1. 用铅笔或蜡笔拓印。先准备一片新鲜的叶子，将纸覆盖在叶子上。用蜡笔或铅笔在纸上轻轻涂抹，叶子的形状和叶脉很快就显现出来了。

2. 用水彩拓印。将叶子背面朝上平放在报纸或其他纸张上，选择你喜欢的水彩颜料，用水彩笔均匀地涂在叶子上。再将涂了颜料的那面朝上，移到一张干净的纸上，然后用一张干净的纸盖在叶子上，用手按压，纸上便出现了叶脉美丽的纹理。

在布上拓印

挑选出自己喜欢的丙烯颜料，再用叶子在布

上排列一下。确定好构图后，在叶子背面刷上颜料。然后，快速将刷上颜料的那面，贴在刚才在布上摆放的位置，再用一张纸盖在叶子上，用手均匀地按压，最后，拿开叶子，布上就出现了美丽的叶子图案。

自然童话故事

　　一天，负责给蒲公英钟上发条的滴答小妖精因粗心，弄丢了蒲公英钟的钥匙，结果……

滴答小妖精

在仙境，大部分的钟都是蒲公英做成的。它们都是非常精良的计时器，但是必须上紧发条，一天都不能耽搁！

负责此事的滴答小妖精每天给钟上足发条。在花梗底部有一个小孔，他将钥匙插进孔内，转上三圈，然后再去下一座蒲公英钟上发条。

当一位小精灵想要知道时间，他只需要像平时对蒲公英花做的那样——挑一座钟，对着茸毛吹气，看看将所有茸毛吹走一共需要吹几口气，就能知道时间啦！比如，吹了一、二、三、四，四口气，就表明现在是四点钟！

一天，滴答小妖精十分粗心，他居然弄丢了蒲公英钟的钥匙！钥匙能上哪儿去了呢？他这儿找找，那儿摸摸，却找不到钥匙的丝毫踪迹。他也请求蜘蛛和甲虫去帮忙搜寻，让毛毛虫钻到叶子底下去瞄瞄，还让幼虫到土壤里去看一眼，但是无论是谁都没能找回他失落的钥匙。

按理说，滴答小妖精当务之急应该立即跑到精灵王后那儿去，告诉她自己因为粗心犯了大错，然后她就会给小妖精另一把钥匙。然而，小妖精知道若是这么做的话，自己一定会被狠狠批评一顿，而他才不想受批评。于是，小妖精一个字儿都没有透露，暗暗希望着自己不会被识破。

这下好了，他给仙境捅了多大一个娄子啊！起先，嘻哈精灵挑选了一座蒲公英钟，吹完气，想看看这会儿是不是公交车该来了。这座钟没有上过发条，给出了早上八点钟的报时，而非当时的确切时间下午三点钟。嘻哈精灵心想：这车还得过七个小时才会来呢，结果不一会儿他看到公交车已经消失在转角处，可把他气坏了！

接下来倒霉的是弯曲女巫。她想知道现在是不是去集市的时间了，于是她挑了一座钟。但是当她吹好气时，钟显示的是五点钟而非正确时间八点，她想这会儿去集市还太早了。于是她左等右等，等得差不多了，但等她到集市后，发现集市都已经散场了！她简直是怒不可遏！

我无法向你们一一细数所有的混乱情况，但是，后来的确是发生了一起非常重大的混乱事件！

精灵王后打算下午四点在她的皇宫举行一场宴会。

万事俱备，王后想知道现在几点钟了。如果还没到四点的话，她就还有时间再去多摘一些花儿。于是她走出去，来到皇宫的花园里，选了一座蒲公英钟，开始对着吹气。

"吹一口气！两口气！三！四！五！噢，天哪，天哪！如果现在已经五点钟了，那说明所有人都迟到啦！六！七！八！这是咋回事啊？九！十！为什么？这个点我都该上床休息了，而不是在这儿等着人们来参加我的午后宴会！十一！十二！我是在做梦吗？这不可能，现在怎么着也不可能到午夜时分了啊！十三！这是什么情况！十三点！这太离奇啦，一定是哪里出了严重的问题！"

她跑去告知国王，国王大惊失色。

"十三点！究竟怎么回事，这是女巫到来的时间！快敲响警钟！我们必须警告大家，现在可是十三点了！"

于是，皇宫塔楼上那座神圣的警钟大声鸣响起来！"咚！咚！咚！"

接着，仙境里的民众们惊慌失措地聚在一起。他们中的大多数人都是在赶往宴会的路上，当他们听到警钟时，都慌张地飞奔向皇宫，好奇究竟发生了什么事？

"现在可是十三点！"当大家都到齐之后，国王严肃地说，"女巫到来的时间！尽管我们都不知道这意味着什么，但这种局面让人十分恐慌。"

"可是，恕我直言，陛下，在来这儿的路上我对着一座蒲公英钟吹了气，得到的时间是五点钟，而非十三点。"一个地精喊起来。

"我也吹了气，说是六点钟啊，"一个精灵说，"我还以为赶不上宴会了呢。"

"现在立即给我找一座钟，"国王下令，"这下更加扑朔迷离了。"

一座钟被找来了，国王开始吹气。才吹了一口气，所有的蒲公英茸毛就全都立刻飘散了！

"一点钟！"国王诧异地说，"今天所有的钟全都疯魔了不成？管事的滴答小妖精在哪儿呢？"

"微臣在此，陛下。"一个颤颤巍巍的声音传了过来，正是垂首在国王面前的那个小妖精。

"你对此有何解释？"国王厉声问道，"所有的钟告诉我们的都是不同的时间，而非一致的正确时间，其中一座钟甚至报出了十三点，导致我鸣响了警钟！因为我以为女巫要来了，即将发生很骇人的事情。你按常规操作给钟上发条了吗？"

"没有，陛下。"滴答小妖精回答。

"为什么没有？"国王龙颜大怒。

"因为我……丢……丢了……钥……钥匙。"小妖精惊恐万状，结结巴巴地说。

"丢了钥匙！"国王说，"好啊，那你为什么不来如实禀报？这下可好，你把整个王国搞得人心惶惶，我们的宴会也被你毁了，这一切正是因为你没有过来承认自己粗心犯下的大错。你将被逐出仙境，我会让另一个妖精来给所有的钟上发条———一个信得过的妖精！"

于是，滴答小妖精离开了仙境，马上就开始漫无目的地溜达。他来到了我们这片土地上，在这儿他也想找点儿事情做做。"要是我在这儿也能给蒲公英钟上发条就好啦！"他叹息道，"这样的话，孩子们就能随时知道时间，他们都会喜欢我的。可是我不知道钥匙在哪儿！"

他终于还是找到了自己的钥匙，它掉在了袖子口的卷摺处！找到钥匙令小妖精乐坏了！

现在，他为我们的蒲公英钟上发条啦。如果我们吹气的话，钟就能告诉我们时间。

但是小妖精有时候还是会弄丢钥匙，那时候，天哪，钟就会告诉我们错误的时间，有时候甚至是十三点———女巫到来的时间！但请别担心，你知道这只是因为滴答小妖精又一次弄丢了钥匙，所以蒲公英钟没有按要求上好发条！找一朵蒲公英来试试吧！

自然笔记

　　请你走出家门，每个月进行一两次自然散步，去观察身边的自然万物，把你的见闻和当时的感受记录下来。你可以用文字、照片、画画或诗歌等任何你喜欢的形式，来做自然笔记。你也可以准备一个笔记本，按下面这种形式来记录你的观察和发现。

日期		时间	
地点		天气	
我的自然观察笔记：			

日期		时间	
地点		天气	

我的自然观察笔记：

日期		时间	
地点		天气	

我的自然观察笔记：

译后记

爱与成长的故事

2019 年末至 2020 年初，我着手翻译这本首印于 70 多年前的老书。突如其来的疫情，让我有工夫一边品味作者的文字，一边琢磨译文的遣词造句，还能享受身处闹市的远郊的自然野趣。此书无疑是一部关于"人与自然"的佳作，可在我眼里，这更是一部关于"爱与成长"的杰作。

书中：鸟语花香虫儿飞

先用一句话介绍这本书：邻家的梅里叔叔带着三位小朋友帕特、珍妮特和约翰，以每月两次的频率漫步大自然，让孩子们获取了开启自然之门的钥匙；再用一句话介绍作者：伊妮德·布莱顿，"英国人最爱的作家"、英国"国宝级"的童书大王，本书在很大程度上还原了作者儿时与父亲的野外探险经历。

作者笔下的植物：一花一叶总关情。尽管作者为秋日五彩斑斓的落叶美景做出了不怎么浪漫的科学解释——只不过是树木将废料排出体外的过程，打破了我对落叶的幻想，但字里行间无不透露着她对植物的爱。因为紧接着她又说了，树叶从未被浪费，死去的树叶赋予新的植物生命，这就是一种生命的循环。她用平实的笔触将植物的生命勾勒得无比鲜活，春天的花、夏天的叶、秋天的种子甚至还有冬天的常绿树，就像一出连续剧，使孩子们将植物视为活生生的朋友。

作者笔下的鸟类：来去有时盼君归。鸟儿本来就是孩子们钟爱的物种，无论是那叽叽喳喳的啁啾鸣啭，还是那花枝招展的霓裳羽衣，都令人心驰神往。而本书还将鸟儿的成长史和候鸟迁徙两件事与孩子们的情感联系起来，让我们记住了从不筑巢的懒鸟布谷鸟、群居嬉闹的秃鼻乌鸦，也体会到候鸟归来或飞去带给我们的欣喜或失落。

作者笔下的昆虫：三生一世梦蝶飞。无论是拥有"奇妙四生"的蝴蝶还是经历了"丑宝宝变形记"的蜻蜓，都深深地吸引着孩子们的目光。昆虫这种生命形态多变的小动物，它们的成长经历似乎是孩子们最易理解和接受的"生命与成长"故事。

书外：以爱相伴共成长

本书不仅很好地诠释了"纸上得来终觉浅，绝知此事要躬行"的道理，在我看来这一次次的户外漫步也让读者们见证了三位小朋友的个人成长。

大孩子帕特，十一岁的老大，有那么一点儿自以为是，也有那么一点儿"倚老卖老"。在梅里叔叔带着他们领略了大自然的神奇魅力之后，他充分体会到了自己的无知，观察力也敏锐了许多。唯一的女孩子珍妮特，通过漫步大自然，逐渐克服了自己各种各样的"恐惧症"，对各种小昆虫、蝙蝠、蜥蜴等不再害怕，而她与生俱来的想象力和文艺范儿则显露无遗，大自然诱发了她的诗性，让她成为自然的歌咏者。而年幼的小男孩约翰，无疑是本书的主角，他因为明察秋毫的观察力和海阔天空的想象力深得梅里叔叔的宠爱。他通过在竞争中一次次地战胜哥哥姐姐，获得了极大的自信心。

在我看来，这才是教育"润物细无声"的真正体现。自然界各种生物的成长故事让孩子们体会生命、感受生命，梅里叔叔爱意满满的陪伴与充满智慧的解读让孩子们顺着各自不同的特点与轨迹健康成长。正如书中所说的那样，一开始，是梅里叔叔的眼睛帮助孩子们在观察、体验自然，逐渐孩子们自己都拥有了观察自然的"眼睛"，也是书中所谓"开启自然之门的钥匙"，而通过自己的眼睛观察自然所带来的喜悦与享受，是借别人之眼无法获得的。

最后占用一小段篇幅，说一些关于犬子蔚嵩的事。他不满八岁，眼下正喜欢唐诗、BBC 的自然纪录片，还有和我一起在城市里的探险。

唐诗，他喜欢李商隐，而其最著名的诗句里，如"身无彩凤双飞翼，心有灵犀一点通""庄生晓梦迷蝴蝶，望帝春心托杜鹃"都有深深的自然印痕，此外《忆梅》《赠柳》，还有《蝉》则更是从诗名上就可见一斑。正应了本书中提到的观点：诗人和艺术家的灵感很大程度上源于自然。

BBC 纪录片，他已经认识了大名鼎鼎的爱登堡爵士（戴维·阿腾伯格，也被译为大卫·爱登堡），老爷子的镜头让他领略了大自然的各种壮美惊奇。老爷子的一句话与书中末尾梅里叔叔给约翰的一句忠告异曲同工：爱登堡在与自己的粉丝奥巴马见面时，说自己从未失去对大自然的兴趣；而梅里叔叔对约翰说的则是一旦拥有这把开启自然之门的钥匙，请千万不要失去它。

城市探险，则是我们父子俩坚持数载、每月至少一次的市内公交车无限换乘体验。这与自然无关，但与陪伴有关。只要有爱的陪伴，孩子就别无他求；只要有机会观察、阅读，看到的是大自然还是钢筋水泥森林，问题并没有那么大。而实际上，据我粗略观察，即便是在数千万人口的大都市，也照样能听见鸟语、闻到花香、看到野蜂飞舞和候鸟归来。

爱的教育，最好是从大自然开始，因为自然先于人类存在，自然中几乎蕴含了人类社会的一切道理；人之成长，也最好在大自然中启蒙，因为人的动物本性或天性在自然中才能得到最充分的显露和回应。爱与成长，是一个永远无法阐明的课题，但本书给出了一个既科学又温暖的答案：走进大自然，拥抱大自然。

杨文展

2020 年 3 月 23 日写于上海